信息管理与信息系统创新应用系列教材

商务智能与数据挖掘实验教程

朱慧云　曹　玲　编著

科学出版社

北　京

内 容 简 介

本书综合经济管理专业知识和商务智能、数据挖掘模型开发于一体，结合商业背景设计若干实践项目，全面阐述使用 IBM SPSS Modeler、Weka、RapidMiner 等软件进行数据分析与挖掘的原理、方法和步骤，介绍社会网络分析软件 UCINET 与文献可视化分析软件 CiteSpace 的使用，紧密结合理论教学，使学生在有限的实验课时中，加深对所学知识的理解和掌握。目前国内商务智能与数据挖掘实验指导教程的相关书籍不多，结合商业背景的更是稀少，本书强调数据挖掘在商业决策领域中的应用，弥补大多数同类书籍商业应用不足的缺点。

本书可作为经管类专业本科生、研究生的实验教材，也可在 MBA、EMBA 教学和企业培训中使用，还可供从事商务智能与数据挖掘相关工作的专业人员参考。

图书在版编目（CIP）数据

商务智能与数据挖掘实验教程/朱慧云，曹玲编著. —北京：科学出版社，2017

（信息管理与信息系统创新应用系列教材）

ISBN 978-7-03-055281-5

Ⅰ. ①商… Ⅱ. ①朱…②曹… Ⅲ. ①数据处理-教材 Ⅳ. ①TP274

中国版本图书馆 CIP 数据核字（2017）第 278054 号

责任编辑：惠　雪　曾佳佳/责任校对：彭　涛
责任印制：张　伟 /封面设计：许　瑞

科 学 出 版 社 出版

北京东黄城根北街 16 号
邮政编码：100717
http://www.sciencep.com

北京厚诚则铭印刷科技有限公司 印刷

科学出版社发行　各地新华书店经销

*

2017 年 11 月第 一 版　　开本：720×1000　B5
2022 年 7 月第四次印刷　　印张：11 3/4
字数：237 000

定价：**59.00 元**

（如有印装质量问题，我社负责调换）

前　　言

随着计算能力和互联网技术的迅猛发展，不断递增的海量数据集使得传统数据分析工具变得力不从心。针对如何面对海量数据信息的挑战，商务智能与数据挖掘技术得到了快速的发展。它能够有效地组织这些海量数据，洞悉数据的蛛丝马迹，发现数据的潜在价值，预测数据的发展趋势，从而帮助预测分析和制定决策。因此，加强商务智能与数据挖掘领域的理论与实践学习，现已成为经管类专业特别是信息管理专业学生的必修内容。

本实验教程通过大量的实例，从广为人知的商业软件 IBM SPSS Modeler，到开源软件 Weka 和 RapidMiner，再到社会网络分析软件 UCINET、文献可视化分析软件 CiteSpace，循序渐进地引导学生做好各章的实验。第一部分着重介绍 IBM SPSS Modeler 数据挖掘软件的基本操作和使用方法，购物篮分析、客户细分和客户分类三个数据挖掘的经典实例，使学生熟悉 IBM SPSS Modeler 中关联分析、聚类分析、分类分析等功能。第二部分介绍两种功能强大并较为常用的数据挖掘开源软件，Weka 和 RapidMiner。通过学习与应用 Apriori 算法、决策树算法、划分方法中 K 均值算法分别对数据集进行关联规则挖掘、分类、聚类分析来熟悉这两个软件。第三部分介绍社会网络分析软件 UCINET 和文献可视化分析软件 CiteSpace，使学生了解 UCINET、CiteSpace 软件的基本操作和应用环境，进行科研合作网络特征的社会网络分析、文献信息可视化分析、绘制知识图谱的基本流程。此外，还给出了 IBM SPSS Modeler、Weka、RapidMiner 等软件的数据和文件的下载链接(请访问网址：http://www.ecsponline.com/，选择"网上书店"，检索图书书名，在图书详情页面"页源下载"栏目中获取)，以便于读者学习和使用。

通过学习并应用实验教程中的内容，学生能够更深刻地掌握相关的商务智能与数据挖掘基础理论知识，熟悉社会网络分析与可视化软件的使用，同时也提高了利用理论知识解决实际问题的能力，使得单一的知识传授型教学转变为素质教育为主的实践式教学。与此同时，每章末还留有复习思考题，为学生留下巩固复习、启发思考的空间。

　　本书由朱慧云、曹玲编写，其中朱慧云负责第 1～8 章的编写，曹玲负责第 9、10 章的编写。编者总结多年教学过程中的实践经验，对传统的课程进行改革，整合成本书。本书获得江苏省高校品牌专业建设工程项目(编号：1181181601002)资助，在此表示感谢。

　　由于编者水平有限，书中难免存在不妥之处，在此恳切地希望广大读者进行批评指正。

作　者
2017 年 9 月

目　录

第二部分　开源数据挖掘软件使用篇

第三部分　社会网络分析与可视化软件使用篇

第一部分

IBM SPSS Modeler 软件使用篇

第1章　IBM SPSS Modeler 软件使用基础

1.1　实　验　目　的

(1) 了解 IBM SPSS Modeler 数据挖掘软件的基本操作和环境。

(2) 初步掌握使用 IBM SPSS Modeler 的不同节点导入不同格式存储的数据。

(3) 熟悉 IBM SPSS Modeler 提供的图形节点，通过对数据的可视化展示了解数据类型和数据分布。

1.2　背　景　知　识

1) IBM SPSS Modeler

SPSS Modeler 是一款商业数据挖掘软件，能够为个人、团队、系统和企业做决策提供预测性智能。它可提供各种高级算法和技术 (包括文本分析、实体分析、决策管理与优化)，快速建立预测性模型，并将其应用于商业活动，从而改进决策过程[1]。

借助 SPSS Modeler，您可以使用各种分析技术访问数据源，如数据仓库、数据库、Hadoop 分布或平面文件，以便从您的数据中发现隐含的模式。这些统计技术使用历史数据来预测当前状况或未来事件。这些统计技术还包括数据访问、数据准备、数据建模和交互可视化功能。

SPSS Modeler 在提供大量强大且稳健的数据挖掘模型供分析人员使用的同时保持非常友好的易用性，提供图形化的操作环境，使用鼠标即可完成数据挖掘全过程，降低了入门要求，减少了学习时间。

2) 数据挖掘方法论——CRISP-DM

SPSS Modeler 根据 CRISP-DM(cross-industry standard process for data mining) 即"跨行业数据挖掘标准流程"设计[2]。CRISP-DM 模型将一个数据挖掘流程分为六个不同的，但顺序并非完全不变的阶段。这六个阶段分别是：

(1) 商业理解 (business understanding)。从商业的角度了解项目的要求和最终目的是什么，并将这些目的与数据挖掘的定义以及结果结合起来。

(2) 数据理解 (data understanding)。数据理解阶段开始于数据的收集工作。

接下来就是熟悉数据的工作，具体如：检测数据的量，对数据有初步的理解，探测数据中比较有趣的数据子集，进而形成对潜在信息的假设。收集原始数据，对数据进行装载，描绘数据，并且探索数据特征，进行简单的特征统计，检验数据的质量，包括数据的完整性和正确性，缺失值的填补等。

(3) 数据准备(data preparation)。数据准备阶段涵盖了从原始粗糙数据中构建最终数据集（将作为建模工具的分析对象）的全部工作。数据准备工作有可能被实施多次，而且其实施顺序并不是预先规定好的。这一阶段的任务主要包括：制表，记录，数据变量的选择和转换，以及为适应建模工具而进行的数据清理等。

(4) 建模 (modeling)。在这一阶段，各种各样的建模方法将被加以选择和使用，通过建造、评估模型将其参数校准为最理想的值。比较典型的是，对于同一个数据挖掘的问题类型，可以有多种方法选择使用。如果有多重技术要使用，那么在这一任务中，对于每一个要使用的技术要分别对待。一些建模方法对数据的形式有具体的要求，因此，在这一阶段，重新回到数据准备阶段执行某些任务有时是非常必要的。

(5) 评估 (evaluation)。从数据分析的角度考虑，在这一阶段中，已经建立了一个或多个高质量的模型。但在进行最终的模型部署之前，需要更加彻底地评估模型，回顾在构建模型过程中所执行的每一个步骤，是非常重要的，这样可以确保这些模型达到企业的目标。一个关键的评价指标就是，是否仍然有一些重要的企业问题还没有被充分地加以注意和考虑。在这一阶段结束之时，有关数据挖掘结果的使用应达成一致的决定。

(6) 部署 (deployment)。部署，即将其发现的结果以及过程组织成为可读文本形式。模型的创建并不是项目的最终目的。尽管建模是为了增加更多有关于数据的信息，但这些信息仍然需要以一种客户能够使用的方式被组织和呈现。这经常涉及一个组织在处理某些决策过程中，如在决定有关网页的实时人员或者营销数据库的重复得分时，拥有一个"活"的模型。

根据需求的不同，部署阶段可以是仅仅像写一份报告那样简单，也可以像在企业中进行可重复的数据挖掘程序那样复杂。在许多案例中，往往是客户而不是数据分析师来执行部署阶段。然而，尽管数据分析师不需要处理部署阶段的工作，对于客户而言，预先了解需要执行的活动，从而正确地使用已构建的模型是非常重要的。

3) 数据流

使用 SPSS Modeler 处理数据有三个步骤。首先，将数据读入 SPSS Modeler,

然后通过一系列操作运行数据，最后，将数据发送到目标位置。这一操作序列称为数据流，因为数据以一条条记录的形式，从数据源开始，依次经过各种操作，最终到达目标 (模型或某种数据输出)(图 1-1)[3]。

图 1-1　一个简单数据流

1.3　实　验　内　容

(1) 初步认识 SPSS Modeler 软件，了解软件的主窗口，学习对节点的基本操作、构建数据流等。

(2) 使用 SPSS Modeler 的数据库源节点、变量文件节点等导入数据。

(3) 使用 SPSS Modeler 提供的图形节点，对数据进行可视化展示。

1.4　实　验　步　骤

1.4.1　初步认识 IBM SPSS Modeler 软件

1) IBM SPSS Modeler 主窗口

依次单击开始→所有程序→IBM SPSS Modeler 18.0→IBM SPSS Modeler 18.0，启动程序，显示 IBM SPSS Modeler 主窗口(图 1-2)。

SPSS Modeler 主窗口由菜单栏、工具栏、数据流工作区、节点选用板、管理器和项目窗口组成。

菜单栏。菜单栏位于 SPSS Modeler 主窗口顶部，包含软件的绝大多数命令。

工具栏。SPSS Modeler 主窗口顶部有一个图标工具栏，其中包含许多有用功能，如创建新流、打开现有流、运行当前流等。

数据流工作区。数据流工作区是 SPSS Modeler 窗口的最大区域，也是构建和操作数据流的位置。通过在界面的主工作区中绘制与业务相关的数据操作图表来创建流。每个操作都用一个图标或节点表示，这些节点通过流连接在一起，流表示数据在各个操作之间的流动。在 SPSS Modeler 中，可以在同一流工作区或

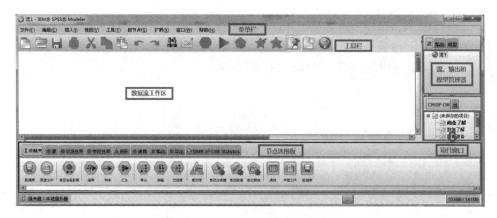

图 1-2　IBM SPSS Modeler 主窗口

通过打开新的流工作区来一次处理多个流。会话期间,流存储在 SPSS Modeler 窗口右上角的"流"管理器中。

节点选用板。SPSS Modeler 中,每个操作都用一个节点表示。SPSS Modeler 中的大部分数据和建模工具位于节点选用板中,节点选用板位于流工作区下方窗口的底部。节点选用板包括多个选项卡,每个选项卡均包含一组不同的流操作阶段中使用的相关节点。

流、输出和模型管理器。管理流、输出和模型,包括三个选项卡。可以使用"流"选项卡打开、重命名、保存和删除在会话中创建的流。"输出"选项卡中包含由 SPSS Modeler 中的流操作生成的各类文件,如图形和表格,可以显示、保存、重命名和关闭此选项上列出的表格、图形和报告。"模型"选项卡是管理器选项卡中功能最强大的选项卡,该选项卡中包含所有模型块,这些模型块是针对当前会话在 SPSS Modeler 中生成的模型。这些模型可以直接从"模型"选项卡上浏览或将其添加到工作区的流中。

项目窗口。窗口右侧底部是项目窗口,用于创建和管理数据挖掘项目。"CRISP-DM"选项卡提供了一种组织项目的方式。"类"选项卡提供了一种在 SPSS Modeler 中按类别 (即按照所创建对象的类别) 组织工作的方式。

2) 节点

源节点。使用源节点能够导入以多种格式存储的数据,这些格式包括平面文件、IBM SPSS Statistics (.sav)、SAS、Microsoft Excel 和 ODBC 兼容关系数据库,也可以使用用户输入节点生成综合数据。

记录选项节点。此类节点对数据记录执行操作,如选择记录、合并记录等。

字段选项节点。此类节点对数据字段执行操作,如过滤字段、导出新字段等。

图形节点。此类节点在建模前后以图表形式显示数据。

建模节点。SPSS Modeler 提供了多种借助机器学习、人工智能和统计学的建模算法。建模节点提供了这些算法，使用这些算法可以根据数据生成新的信息以及开发预测模型。每种算法各有所长，同时适用于解决特定类型的问题。

输出节点。此类节点生成可在 SPSS Modeler 中查看的数据、图表和模型等多种输出结果。

导出节点。此类节点生成可在外部应用程序中查看的多种输出结果。

IBM SPSS Statistics 节点。此类节点从 IBM SPSS Statistics 中导入数据或将数据导出到其中，并用于运行 IBM SPSS Statistics 过程。

3) 对节点的操作

(1) 增加节点。可以采用以下三种方式在数据流区域增加一个节点：

在节点选用板上双击节点，自动放置节点到数据流区域。注意：它会自动地连接到"中心"节点。

将节点从节点选用板拖放到数据流区域中。

单击节点选用板中的节点，然后单击流工作区。

(2) 编辑节点。在节点上右击，展开一个节点，点击 "编辑"，就可以在弹出的对话框中对节点进行设置(图 1-3)。在数据流工作区双击节点也可以编辑节点。

(3) 连接节点。连接节点可以采用以下方式：

双击节点选用板上的节点，可以自动把新节点连接到数据流区域中的"中心"节点上。

选中某个节点，然后单击右键打开上下文菜单。在菜单中选择连接。此时，开始节点和光标处将同时显示连接图标(图 1-4)。单击工作区中的第二个节点以连接这两个节点。

在流工作区中，可以使用鼠标中键单击某个节点并将其拖到另一个节点。(如果鼠标没有中键，可以通过按住 Alt 键的同时使用鼠标从一个节点拖到另一个节点来模拟此操作)

(4) 删除节点之间的连接。在连接箭头上按住鼠标右键选择"删除连接"，可以删除这个连接(图 1-5)。

在节点上右击，展开一个节点，点击 "断开连接"，可以删除此节点上的全部连接。

选中节点，然后按 F3 键删除所有连接。

　　图1-3　编辑节点　　　　　　　　　　　　图1-4　连接节点

图1-5　删除节点之间的连接

　　(5) 删除节点。在节点上右击，展开一个节点，点击 "删除"，可以删除此节点(图1-6)。在数据流工作区中选中节点，按下键盘上的 Delete 键，也可以删除节点。

　　4) 构建数据流

　　使用 SPSS Modeler 进行的数据挖掘重点关注通过一系列节点运行数据的过程，这一过程被称为流。这一系列节点代表要对数据执行的操作，而节点之间的连接指示数据流的方向。通常，可以使用数据流将数据读入 SPSS Modeler，通过

图 1-6　删除节点

一系列操作运行数据，然后将其发送至某个目的地。

采用下列步骤构建数据流：

(1) 将节点添加到流工作区。

(2) 连接节点以形成流。

(3) 指定任意节点或流选项。

(4) 执行流。

1.4.2　数据导入

SPSS Modeler 包括数据库、变量文件、Excel、SAS 文件等源节点，分别用于不同格式存储的数据的导入。

1) 数据库源节点

数据库源节点可用于使用 ODBC(开放数据库连接) 从多种其他数据包中导入数据，这些数据包包括 Microsoft SQL Server、DB2、Oracle 等。因此，要读或写数据库，必须安装 ODBC 数据源并且根据需要配置相关数据库的读写权限(图 1-7)。

图 1-7　数据库源节点

(1) 配置数据库 ODBC 数据源 (Window 7 操作系统)。

　　点击开始菜单，依次选择控制面板→系统和安全→管理工具→数据源 (ODBC)，打开"ODBC 数据源管理器"对话框(图 1-8)，点击按钮"添加"。注意，选择"用户 DSN"，配置的数据源对于创建它的计算机来说是局部的，并且只能被创建它的用户使用；而选择"系统 DSN"后，这个数据源属于创建它的计算机并且是属于这台计算机而不是创建它的用户，任何用户只要拥有适当的权限都可以访问这个数据源。

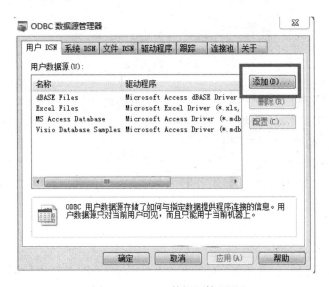

图 1-8　ODBC 数据源管理器

　　在弹出的"创建数据源"对话框里(图 1-9)，选择数据源的驱动程序。以 Access 数据库为例，找到 Driver do Microsoft Access(*.mdb)，选中，然后点击完成。注意，如果是 64 位操作系统，添加的时候可能会发现窗口中没有 Access 驱动程序。解决方法是，打开目录"C:\Windows\SysWOW64"，双击该目录下的

"odbcad32.exe"文件，进入 ODBC 数据源管理界面，再添加的时候就有 Access 的驱动程序了。

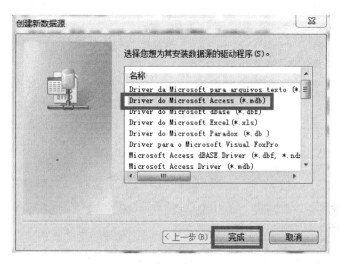

图 1-9　创建数据源

在"ODBC Microsoft Access 安装"对话框的"数据源名 (N):"里，填写数据源名称，然后点击"数据库"中的"选择 (S)..."（图 1-10）。

图 1-10　ODBC Microsoft Access 安装

在"选择数据库"对话框的"目录 (D):"里，设置数据库文件的路径，选中数据文件，点击确定(图 1-11)。回到"ODBC Microsoft Access 安装"对话框，点击确定；最后回到"ODBC 数据源管理器"对话框，点击确定，完成配置。

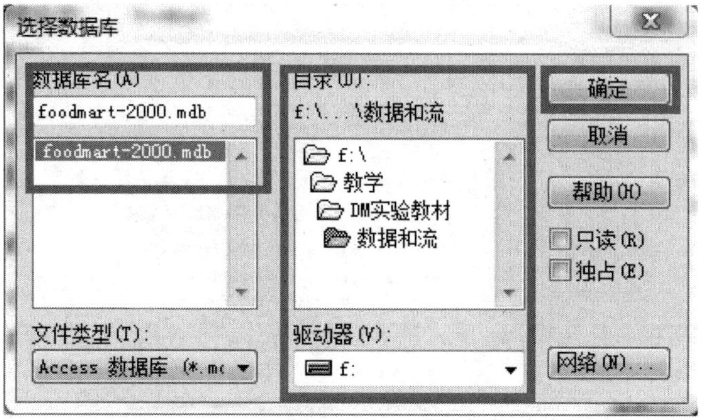

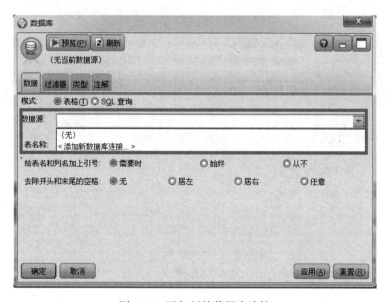

图 1-11　选择数据库

(2) 设置数据库源节点。

添加并编辑数据库源节点，使用数据库源节点对话框的"数据"选项卡中的选项，来获取对数据库的访问并从选定的表中读取数据。在"数据源"选项的下拉列表中选择或添加新数据库连接(图 1-12)。

图 1-12　添加新的数据库连接

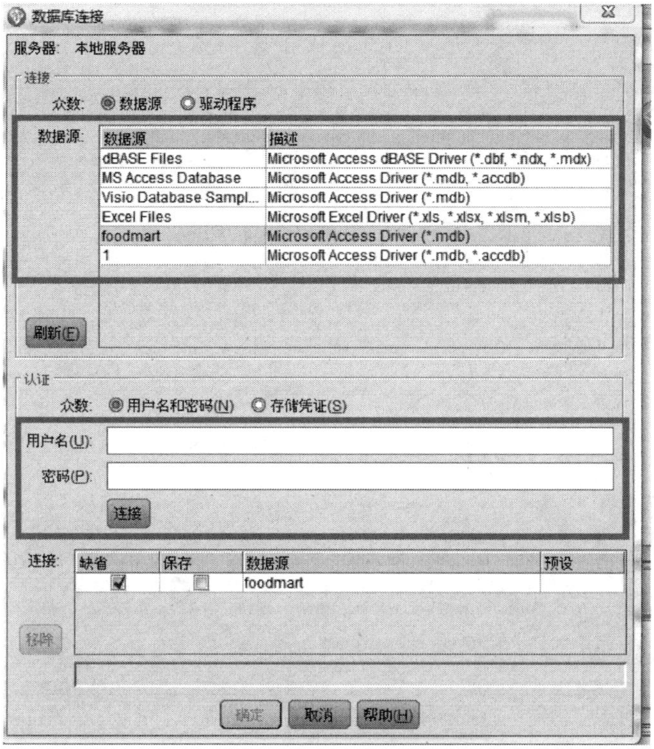

图 1-13　设置数据库连接

如果选择"添加新数据库连接"，将打开"数据库连接"对话框(图 1-13)。在"数据源"选项中，列出了可用的数据源。如果数据源由密码保护，请在"认证"选项中输入用户名和密码。选择数据源并输入密码后，即可单击连接。在"连接"选项中，显示当前连接的数据库。要删除连接，可从列表选择一个连接，然后单击"移除"。

完成数据库连接选择后，即可单击确定返回主对话框，并从当前连接的数据库中选择表。如果知道要访问的表的名称，可在"表名称"选项中输入名称。否则，可单击"选择"按钮，打开"选择表/视图"对话框(图 1-14)，在列出的可用的表中进行选择。

2) 变量文件节点

如果数据文件是包含分隔符 (逗号、制表符、空格或一些其他字符) 的数据文件，可以使用变量文件节点读取数据(图 1-15)。添加一个变量文件源节点，指向数据文件[4]。

图 1-14　"选择表/视图"对话框

图 1-15　变量文件节点

　　编辑变量文件节点，在"文件"选项中，输入文件名或单击省略按钮"…"来选择文件。一旦选定了一个文件，即可显示此文件的路径，并且文件的内容将使用定界符分隔显示在下面的面板中(图 1-16)。

　　字段定界符。通过使用列出此控件的复选框，可以指定使用哪些字符 (例如逗号",") 定义文件中的字段边界。也可以为使用多个定界符的记录指定一个以上的定界符。选择"允许使用多个空白定界符"可将多个相邻的空白定界符字符看作一个定界符。

　　3) Excel 源节点

　　使用 Excel 源节点可以从任何版本的 Microsoft Excel 中导入数据(图 1-17，图 1-18)。

　　文件类型。选择要导入的 Excel 文件类型 (.xls 和.xlsx 两种文件类型)。

　　导入文件。指定要导入的电子表格文件的名称和位置。

图 1-16　变量文件节点的设置

图 1-17　Excel 源节点

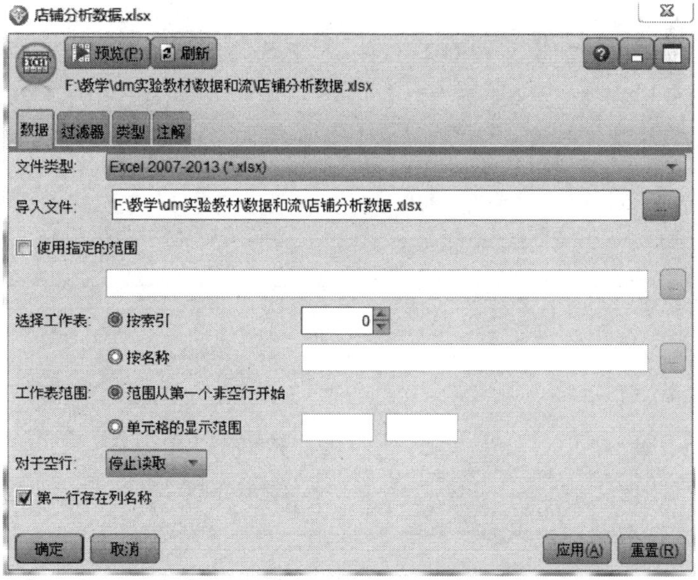

图 1-18　Excel 源节点的设置

使用指定的范围。选中此选项可以指定在 Excel 工作表中定义的单元格的指定范围。单击省略按钮 "…",从可用范围列表中进行选择。指定范围内的所有行都将返回,包括空行。如果使用指定的范围,则其他工作表和数据范围设置将不再可用并最终被禁用。

选择工作表。按索引或者按名称指定要导入的工作表。选择索引需要指定要导入的工作表的索引值,开头的 0 表示第一个工作表,1 表示第二个工作表,依此类推。选择名称需要指定要导入的工作表的名称。单击省略按钮 "…",从可用工作表列表中进行选择。

工作表范围。可以第一个非空行作为开始导入数据,也可通过指定单元格的显示范围导入数据。

第一行存在列名称。表示指定范围中的第一行应作为列 (字段) 名使用。如果未选中此选项,则将自动生成字段名。

1.4.3 SPSS Modeler 的图形节点

数据挖掘过程的多个阶段都会使用图形和图表浏览导入 SPSS Modeler 中的数据。例如,可将散点图或分布图节点连接到数据源,以了解数据类型和数据分布。然后可以执行记录和字段操作,以准备下游建模操作的数据。图形的另一个常见用途是检查新导出字段的分布和它们之间的关系。

1) 导入数据

本实验中采用的数据文件 DRUG1n 是 SPSS Modeler 所带的示例数据,可以在任何 SPSS Modeler 安装程序的 Demos 目录中找到(图 1-19)。DRUG1n 的属性见表 1-1。

表 1-1 数据文件 DRUG1n 的属性

属性	描述
年龄	数值
性别	男或女
BP	血压:高、正常或低
Cholesterol	血液中的胆固醇含量:正常或高
Na	血液中钠的浓度
K	血液中钾的浓度
Drug	对患者有效的处方药

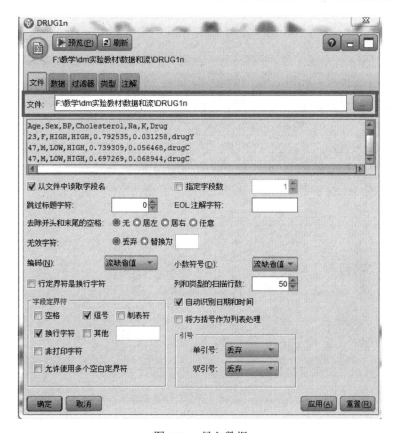

图 1-19　导入数据

添加并编辑变量文件节点，指向数据文件 DRUG1n。

2) 添加表格节点，以表格形式显示数据

表格节点可以创建能够列出数据中的值的表，该表中包含了流中的所有字段和所有值，从而可以方便检查数据值或以易于读取的格式进行导出。此外，还可以突出显示满足特定条件的记录（图 1-20）。

图 1-20　表格节点

运行表格节点，以表格形式显示的数据如图 1-21 所示。

表格（7 个字段，200 条记录）#3

文件(F)　编辑(E)　生成(G)

表格　注解

	Age	Sex	BP	Cholesterol	Na	K	Drug
1	23	F	HIGH	HIGH	0.793	0.031	drugY
2	47	M	LOW	HIGH	0.739	0.056	drugC
3	47	M	LOW	HIGH	0.697	0.069	drugC
4	28	F	NORMAL	HIGH	0.564	0.072	drugX
5	61	F	LOW	HIGH	0.559	0.031	drugY
6	22	F	NORMAL	HIGH	0.677	0.079	drugX
7	49	F	NORMAL	HIGH	0.790	0.049	drugY
8	41	M	LOW	HIGH	0.767	0.069	drugC
9	60	M	NORMAL	HIGH	0.777	0.051	drugY
10	43	M	LOW	NORMAL	0.526	0.027	drugY
11	47	F	LOW	HIGH	0.896	0.076	drugC
12	34	F	HIGH	NORMAL	0.668	0.035	drugY
13	43	M	LOW	HIGH	0.627	0.041	drugY
14	74	F	LOW	HIGH	0.793	0.038	drugY
15	50	F	NORMAL	HIGH	0.828	0.065	drugX
16	16	F	HIGH	NORMAL	0.834	0.054	drugY
17	69	M	LOW	NORMAL	0.849	0.074	drugX
18	43	M	HIGH	HIGH	0.656	0.047	drugA
19	23	M	LOW	HIGH	0.559	0.077	drugC
20	32	F	HIGH	NORMAL	0.643	0.025	drugY

确定

图 1-21　数据文件 DRUG1n 的数据

3) 添加分布节点，显示 Drug 字段值的分布

分布图形或表显示数据集中符号 (非数字) 值的出现情况，比如抵押类型或性别（图 1-22）。

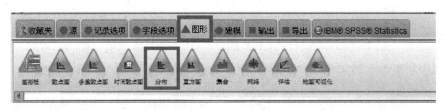

收藏夹　源　记录选项　字段选项　图形　建模　输出　导出　IBM® SPSS® Statistics

图形板　散点图　多重散点图　时间散点图　分布　直方图　集合　网络　评估　地图可视化

图 1-22　分布节点

分布节点的主要设置(图 1-23)有：

散点图。选择分布类型。选择"选定字段"将显示选定字段的分布。选择"所有标志(true 值)"显示数据集中值为真的标志字段的分布。

字段。选择集合或标志字段为其显示值的分布。在字段列表中，只会出现类型未被明确设置为数字的字段。本实验中，设置为 Drug 字段，将显示其值的分布。

交叠字段。选择用作颜色交叠的集合或标志字段，将显示该字段值在指定字段的每个值中的分布情况。

图 1-23　分布节点的设置

运行分布节点，显示的分布如图 1-24 所示。

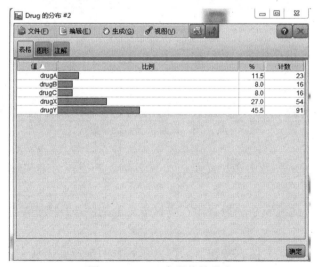

图 1-24　Drug 字段值的分布

4) 添加散点图节点，显示数值字段之间关系

散点图节点可显示各数值字段之间关系。可使用点创建图 (即散点图)，也可使用线段(图 1-25)。

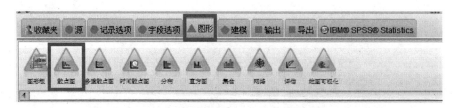

图 1-25 散点图节点

散点图对照 X 字段的值，显示 Y 的值。通常而言，这两个字段分别对应一个自变量和一个因变量。

散点图节点的主要设置(图 1-26)有：

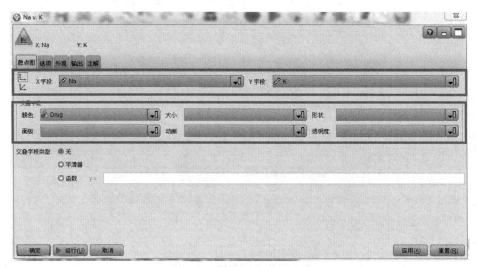

图 1-26 散点图节点的设置

X 字段。请从列表中选择显示在水平 x 轴上的字段。本实验中，设置为 Na 字段。

Y 字段。请从列表中选择显示在垂直 y 轴上的字段。本实验中，设置为 K 字段。

Z 字段。单击 3D 图表按钮后，可以从列表中选择要显示在 z 轴上的字段。

交叠。选择一个符号字段，显示指定字段中值的类别。本实验中，设置为

Drug 字段。

运行散点图节点，显示 Na 字段和 K 字段之间的关系(图 1-27)。其中，不同的颜色对应 Drug 字段的不同值。

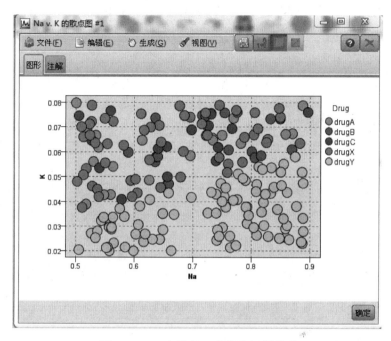

图 1-27　Na 字段和 K 字段之间的关系

5) 添加直方图节点，显示 Age 字段值的出现率

直方图节点显示数值字段值的出现率。在进行操作和建模之前，直方图常被用来检查数据(图 1-28)。与分布图节点相同，直方图节点常常用来显示数据中的不平衡处。

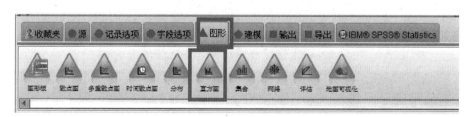

图 1-28　直方图节点

直方图节点的主要设置(图 1-29)有：

字段。选择数值字段为其显示值的分布。在字段列表中，只会出现类型未被明确设置为符号（类别）的字段。本实验中，设置为 Age 字段。

交叠。选择一个符号字段，显示指定字段中值的类别。选择交叠字段将使直方图变成堆积图，图中以各种颜色显示交叠字段的不同类别。本实验中，设置为 Drug 字段。

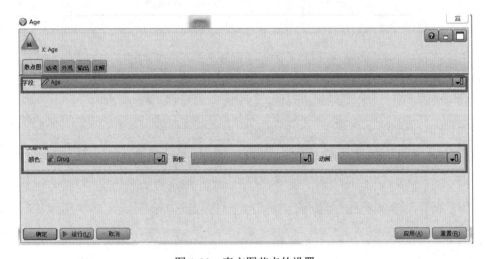

图 1-29　直方图节点的设置

运行直方图节点，显示 Age 字段值的出现率如图 1-30 所示。

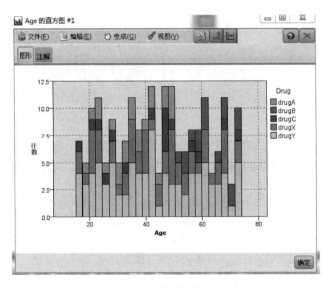

图 1-30　Age 字段值的出现率

1.5　复习思考题

(1) CRISP-DM 模型将一个数据挖掘流程分为哪几个阶段？

(2) 什么是数据流？如何构建一个数据流？

(3) SPSS Modeler 包括哪些源节点？分别能够导入以哪种格式存储的数据？

(4) 如何通过 SPSS Modeler 连接 Oracle 数据库，读取数据库中的表？

(5) SPSS Modeler 提供的图形节点有哪些？对数据进行可视化展示有什么作用？

(6) 撰写符合实验内容要求的实验报告：①总结并描述出实验详细过程，将实验的过程截图，提交实验的结果；②写明实验体会和实验中存在的问题及解决的办法。

第 2 章　购物篮分析

2.1　实　验　目　的

(1) 掌握购物篮分析的相关概念 (如关联规则、支持度、置信度等)，理解进行购物篮分析的意义。

(2) 能够运用 IBM SPSS Modeler 软件，对不同格式的客户交易数据进行购物篮分析，寻找频繁被客户同时购买的商品组合。

(3) 能够在商品不同的抽象空间转换，挖掘多层关联规则，理解在不同抽象层挖掘的意义。

2.2　背　景　知　识

1) 购物篮分析

购物篮指的是超市内供客户购物时使用的装商品的篮子，购物篮分析 (market basket analysis) 就是找出哪些商品频繁地被客户同时购买，分析客户的购买习惯。不同商品之间关联的发现可以帮助零售商制定合适的营销策略，从而获得利益和建立竞争优势。

2) 关联规则、支持度、条件支持度和置信度

商品频繁关联或同时购买的购买模式可以用关联规则的形式表示。例如，购买尿布也很有可能同时购买啤酒可以用以下关联规则表示：

$$尿布 \Rightarrow 啤酒[support=5\%, confidence= 60\%] \tag{2-1}$$

式中，尿布是规则的条件部分，啤酒是规则的结果部分，support (支持度) 和 confidence (置信度) 是关联规则的兴趣度量。其中，关联规则的支持度是度量规则有用性的度量，是规则的条件部分和结果部分同时出现的概率[5]。对于形如 "$A \Rightarrow B$" 的关联规则，支持度定义为

$$支持度(A \Rightarrow B) = \frac{包含 A 和 B 的记录数}{记录总数} \tag{2-2}$$

关联规则式 (2-1) 的支持度 5%意味着全部事务的 5%同时购买啤酒和尿布。SPSS Modeler 中的部分节点如 Apriori 节点的支持度定义基于带有条件的记录的数量，对于形如"$A \Rightarrow B$"的关联规则，条件支持度的定义如下：

$$条件支持度(A \Rightarrow B) = \frac{包含A的记录数}{记录总数} \tag{2-3}$$

置信度是衡量关联规则有效性的确定性度量，是当规则的条件为真时，其结果也为真的概率，换句话说，置信度是基于规则的正确预测的概率[5]。对于形如"$A \Rightarrow B$"的关联规则，置信度定义为

$$置信度(A \Rightarrow B) = \frac{包含A和B的记录数}{包含A的记录数} \tag{2-4}$$

关联规则式 (2-1) 的置信度 60%意味着购买了尿布的事务中的 60%也同时购买了啤酒，即如果客户购买了尿布的话，那他有 60%的可能同时购买啤酒。

一般而言，用户对支持度 (条件支持度) 和置信度较大的关联规则感兴趣。满足最小支持度 (条件支持度) 阈值和最小置信度阈值的关联规则被认为是有趣的，称为强规则，阈值一般由用户和领域专家设定。购物篮分析或关联规则挖掘就是在给定最小支持度阈值和最小置信度阈值的前提下，挖掘所有的强规则。

3) 概念分层和多层关联规则

概念分层定义一个映射序列，将低层概念集映射到较高层、更一般的概念。例如，客户地址可以形成一个"街道<县/区<市<省<国家"的概念分层。在购物篮分析时，商品可以形成诸如"商品<商品小类<商品大类"的概念分层[5]。

在多个抽象层的数据上挖掘产生的关联规则称为多层关联规则。购物篮分析的原始数据中一般存储的是最低层的数据，由于商品种类繁多 (特别是对于类似超市之类的应用)，在这种原始层数据中挖掘可能难以发现有趣的购物模式，或者发现太多零散模式。因此，需要定义商品的概念分层，把原始数据中的低层概念用概念分层中对应的高层概念替换，得到高层的关联规则。

4) 数据格式

SPSS Modeler 软件中关联规则模型使用的数据既可能是事务处理格式，也可能是表格格式[6]。事务处理格式数据对于每个交易或项目具有一个单独的记录，如表 2-1 所示。表 2-1 中有两个字段，一个用于存储交易的事务号，一个用于存储交易内容。

表 2-1　事务处理格式

事务号	购买项
1	果酱
2	牛奶
3	果酱
3	面包
4	果酱
4	牛奶
4	面包

表格格式数据由单独的标志表示项目，其中每个标志字段表示一个特定项目的存在或不存在，每个记录表示一个完整的交易项(表 2-2)。

表 2-2　表格格式

事务号	果酱	面包	牛奶
1	T	F	F
2	F	F	T
3	T	T	F
4	T	T	T

2.3　实 验 内 容

2.3.1　实验数据

1) 表格格式的数据

本实验中采用的数据文件 BASKETS1n(图 2-1)是 SPSS Modeler 所带的示例数据，可以在任何 SPSS Modeler 安装程序的 Demos 目录中找到。表中包含购物篮摘要 (cardid、value、pmethod)、购物篮内容 (即所购买的全部商品的集合，如 fruitveg、freshmeat、dairy 等) 和购买者的相关个人数据 (如 age、income 等)。其中，所购买的每一种商品都由单独的标志字段表示，标志字段的值 "T" 和 "F" 表示一个特定商品的购买或不购买。通过对购物篮内容进行关联规则挖掘可以找出商品之间的关联。

	cardid	value	pmethod	sex	homeown	income	age	fruitveg	freshmeat	dairy	cannedveg	cannedmeat	frozenmeal	beer	wine	softdrink	fish	confectionery
1	39808	42.712	CHEQUE	M	NO	27000	46	F	T	F	F	F	F	F	F	F	T	F
2	67362	25.357	CASH	F	NO	30000	28	F	T	F	F	F	F	F	F	F	F	T
3	10872	20.618	CASH	M	NO	13200	36	F	F	T	F	F	T	F	T	F	T	F
4	26748	23.688	CARD	F	NO	12200	26	F	F	F	F	F	F	F	T	F	F	F
5	91609	18.813	CARD	M	YES	11000	24	F	F	F	F	F	F	F	F	F	T	F
6	26630	46.487	CARD	F	NO	15000	35	F	T	F	F	F	F	F	F	T	T	F
7	62995	14.047	CASH	F	YES	20800	30	T	F	F	F	F	F	F	F	F	F	F
8	38765	22.203	CASH	M	YES	24400	22	F	F	F	F	F	T	F	F	F	F	F
9	28935	22.975	CHEQUE	F	NO	29500	46	T	F	F	F	T	F	F	F	F	F	F
10	41792	14.569	CASH	M	NO	29600	22	T	F	F	F	F	F	F	F	F	F	F
11	59480	10.328	CASH	F	NO	27100	18	T	F	T	T	F	F	F	F	F	T	F
12	60755	13.780	CASH	F	YES	20000	48	T	F	F	F	F	F	F	F	F	F	F
13	70998	36.509	CARD	M	YES	27300	43	F	F	F	T	F	T	F	F	F	T	F
14	80617	10.201	CHEQUE	F	YES	28000	43	T	F	F	F	F	F	F	T	F	F	F
15	61144	10.374	CASH	F	NO	27400	24	T	F	F	T	F	F	F	F	F	F	F
16	36405	34.822	CHEQUE	F	YES	18400	19	F	F	F	F	T	F	F	T	T	F	F

图 2-1　数据文件 BASKETS1n

2) 事务处理格式的数据

FoodMart 数据库是 SQL Server 以前版本所带的示例数据库，它模拟了一家大型的食品连锁店的经营业务所产生的数据，其中包括客户管理数据、销售数据、分销数据和库存数据等。从 FoodMart 的数据集中抽取部分销售数据进行购物篮分析，其中包括表 sales_fact_1998 (1998 年交易数据表，图 2-2)、表 product (商品列表，图 2-3)、表 product_class (商品类别列表，图 2-4)。

sales_fact_1998							
product_id ▾	time_id ▾	customer_id ▾	promotion_id ▾	store_id ▾	store_sales ▾	store_cost ▾	unit_sale ▾
520	819	3	0	15	¥8.40	¥3.70	3
1056	819	3	0	15	¥11.72	¥4.22	4
1418	819	3	0	15	¥6.44	¥3.16	4
1063	819	3	0	15	¥9.54	¥4.58	3
986	819	3	0	15	¥10.50	¥3.47	3
803	819	3	0	15	¥10.53	¥4.21	3
672	819	3	0	15	¥10.02	¥3.31	3

图 2-2　数据文件 sales_fact_1998

product							
product_class_id ▾	product_id ▾	brand_name ▾	product_name ▾	SKU	SRP	gross_wei	net_weight
30	1	Washington	Washington Berry Juice	90748583674	$2.85	8.39	
52	2	Washington	Washington Mango Drink	96516502499	$0.74	7.42	
52	3	Washington	Washington Strawberry Drink	58427771925	$0.83	13.1	
19	4	Washington	Washington Cream Soda	64412155747	$3.64	10.6	
19	5	Washington	Washington Diet Soda	85561191439	$2.19	6.66	
19	6	Washington	Washington Cola	29804642796	$1.15	15.8	

图 2-3　数据文件 product

表 product_class 包括 product subcategory (商品子类别)、product category (商品类别)、product department (商品部门)、product family (商品族) 等字段。表 product 和表 product_class 共同描述了商品的概念分层，商品的概念分层由低到高为 product<product subcategory<product category<product department<product family。

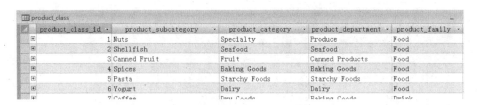

图 2-4　数据文件 product_class

2.3.2 实验内容

(1) 从表格格式的数据文件 BASKETS1n 中找出商品之间的关联。

(2) 分析数据文件 BASKETS1n，描述不同特征客户群的购物篮。

(3) 分析 FoodMart 数据集中 1998 年的交易数据，发现原始层数据中不同商品的关联。

(4) 分析 FoodMart 数据集中 1998 年的交易数据，在商品较高的抽象层发现强关联规则，并比较不同抽象层得到的购物模式。

2.4　实 验 步 骤

2.4.1　从表格格式的数据文件 BASKETS1n 中找出商品之间的关联

1) 添加一个指向数据文件 BASKETS1n 的变量文件源节点

BASKETS1n 是包含分隔符 (逗号、换行字符) 的数据文件，可以使用变量文件节点读取数据。添加变量文件节点，编辑节点指向文件 BASKETS1n，具体设置如图 2-5 所示。

2) 添加过滤器节点

本实验中仅分析购物篮中商品之间的关联，因此添加过滤器节点，并在"过滤器"选项卡中将购物篮内容之外的其他字段都过滤掉(图 2-6)。

3) 添加类型节点

执行 Apriori 节点之前字段类型必须完全实例化。由于在本实验中，数据在流中被过滤，因此，需要添加类型节点进行实例化。数据文件 BASKETS1n 是表格格式的，Apriori 节点在处理表格格式的时候，字段角色需要在类型节点或数据源节点的类型选项卡中仔细设置。本实验中，所购买的商品字段既可以出现在所挖掘出的关联规则的条件部分，也可以出现在关联规则的结论部分，因此，将所购

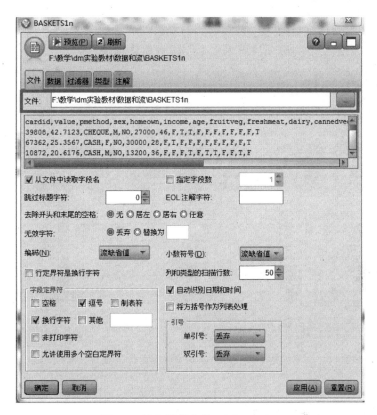

图 2-5　导入数据文件 BASKETS1n

图 2-6　过滤器节点的设置

买的商品字段的角色设置为"任意"。注：通过按住 Shift 键并单击以选择多个字段，然后指定列中的选项，可为多个字段设置选项(图 2-7)。

图 2-7　类型节点的设置

4) 添加并设置 Apriori 节点

添加 Apriori 节点，发现 BASKETS1n 中的强关联规则。编辑 Apriori 节点，默认出现"模型"选项卡。在此选项卡中，用户可以指定一个自定义的模型名称或者自动生成模型名称，设置最低条件支持度和最小规则置信度，指定最大前项数来限制规则复杂性。对于表格格式的数据如果选择了"仅包含标志变量的 true 值"选项，则在生成的规则中只会出现标志变量的真值，这样可能有助于规则的理解(图 2-8)。

5) 执行数据流

采用 Apriori 节点默认的阈值设置，执行数据流，得到满足最低条件支持度和最小规则置信度的强关联规则，条件支持度或置信度低于指定标准的规则将被放弃(图 2-9)。如果获得的规则太多，请尝试增加相应设置；如果获得的规则太少(甚至根本无法获得规则)，请尝试降低相应设置。

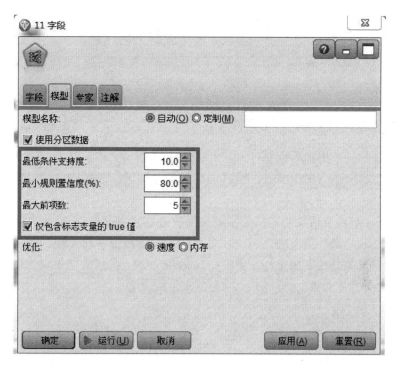

图 2-8　Apriori 节点的设置

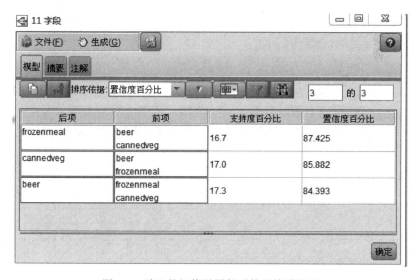

后项	前项	支持度百分比	置信度百分比
frozenmeal	beer cannedveg	16.7	87.425
cannedveg	beer frozenmeal	17.0	85.882
beer	frozenmeal cannedveg	17.3	84.393

图 2-9　默认的阈值设置得到的强关联规则

最终的数据流如图 2-10 所示。

图 2-10　数据流 1

2.4.2　描述不同特征客户群的购物篮

(1) 添加一个指向数据文件 BASKETS1n 的变量文件源节点。

(2) 添加一个分级化节点，根据 age 等数值范围字段的值自动创建新的集合字段。

Apriori 节点要求参与建模的字段必须是符号型字段，而描绘客户特征的一些字段，如 age，是数值型的，因此，需要对 age 等数值字段分箱，创建新的符号型字段。设置的分级字段是 age 字段和 income 字段，分级方法设置为默认的"固定宽度"，分级数设置为 3，如图 2-11 和图 2-12 所示。

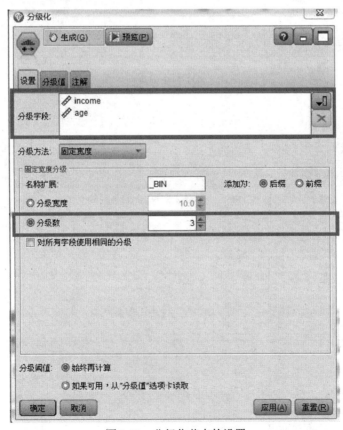

图 2-11　分级化节点的设置

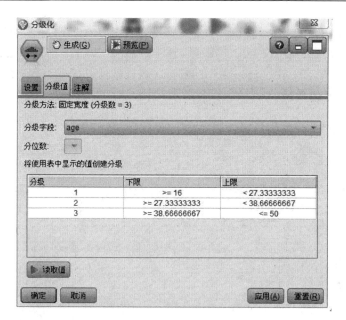

图 2-12　age 字段的分级值

　　分级之后，将为 age 字段和 income 字段分别生成新字段 age_BIN 和 income_BIN(图 2-13)。

	frozenmeal	beer	wine	softdrink	fish	confectioner	income_BIN	age_BIN
1	F	F	F	F	F	T	3	3
2	F	F	F	F	F	T	3	2
3	T	T	F	F	T	F	1	2
4	F	F	T	F	F	F	1	1
5	F	F	F	F	F	F	1	1
6	F	F	T	F	T	F	1	2
7	F	F	F	T	F	T	2	2
8	F	T	F	F	F	F	3	1
9	T	F	F	F	F	F	3	3
10	F	F	F	F	T	T	3	3
11	F	F	F	F	T	F	3	3
12	F	F	F	F	T	F	2	3
13	T	F	F	F	T	F	3	3
14	F	F	F	T	F	F	3	1
15	F	F	F	T	T	T	3	1
16	T	F	T	F	F	F	2	3
17	F	F	F	F	T	T	3	2
18	F	F	F	F	T	T	3	2
19	F	T	F	F	T	F	2	1
20	F	F	T	T	T	T	3	2

图 2-13　分级化之后的结果

　　(3)添加类型节点和 Apriori 节点，在 Apriori 节点的"字段"页面中，将所购的商品设置为后项，将客户的特征设置为前项(图 2-14)。在"字段"页面中，去掉"仅包含标志变量的 true 值"的勾选。这样就可以挖掘出客户特征和所购商品之间的关联(图 2-15)。

图 2-14　Apriori 节点"字段"页面的设置

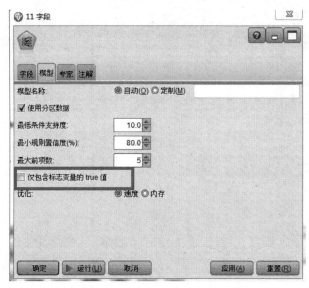

图 2-15　Apriori 节点"模型"页面的设置

执行 Apriori 节点，得到的结果如图 2-16 所示。

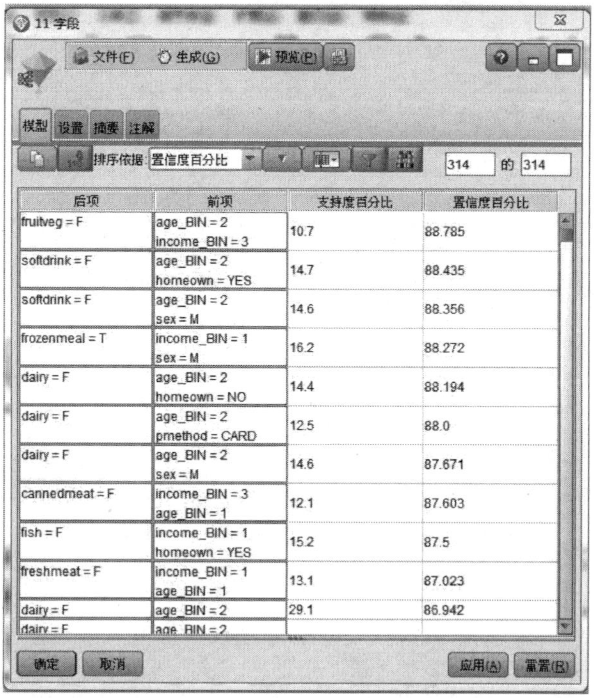

图 2-16　Apriori 节点执行结果

最终的数据流如图 2-17 所示。

图 2-17　数据流 2

2.4.3　在 FoodMart 1998 年交易数据的原始层中挖掘强关联规则

1) 导入数据

添加并编辑数据库源节点，选择 FoodMart 数据源和表 sales_fact_1998，导入 1998 年交易数据(图 2-18)，具体设置详见第 1 章。由于表 sales_fact_1998 中只有 product_id 字段，不利于用户对挖掘出的关联规则的理解，需要再添加一个数据库源节点，导入表 product，表中有 product_name 字段。

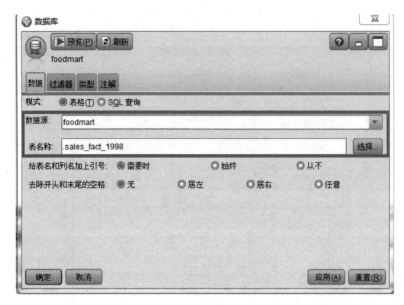

图 2-18　导入表 sales_fact_1998

2) 合并数据

添加合并节点，将刚才添加的节点 sales_fact_1998 和 product 连接到合并节点。设置合并方法为"关键字"，单击右向箭头将可用的关键字 product_id 设置为用于合并的关键字(图 2-19)。单击"过滤器"选项卡，将除了"product_name""time_id""customer_id" 3 个字段外的其他字段过滤(图 2-20)。连接类型选择默认的内部连接，将只合并匹配的记录，不匹配的记录不会包括在输出数据集中。这样,就将表 sales_fact_1998 和表 product 的记录通过关键字 product_id 合并。

3) 导出交易标志字段 TID

添加并编辑导出节点，生成交易标志字段 TID。导出节点的设置为：在"导出字段"选项中，输入导出字段的名称"TID"，导出节点的类型设置为"公式"。在"公式"选项中输入生成新字段的 CLEM 表达式"to_string (time_id) >< to_string (customer_id)"，这个表达式的含义是将 time_id 字段和 customer_id 字段的值分别转变成字符型，然后连接(图 2-21)。其作用是根据 time_id 字段和 customer_id 字段生成交易标志字段 TID，将同一个客户在同一个时间的记录视为一个交易。

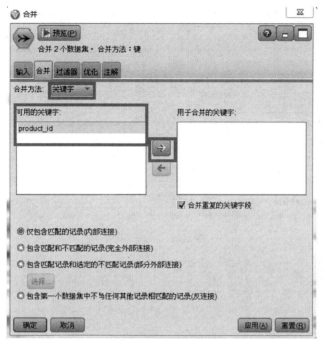

图 2-19 "合并"选项卡的设置

图 2-20 "过滤器"选项卡的设置

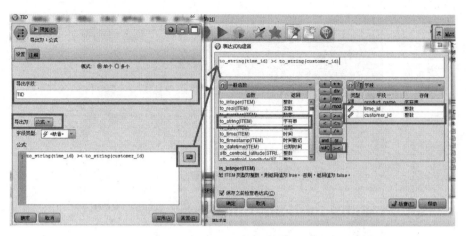

图 2-21　导出 TID

公式可以直接输入或者单击右侧按钮打开表达式构建器生成,初学者建议尽量不要手动输入表达式,而是使用表达式构建器来生成表达式,以减少错误的产生。

4) 添加过滤器节点

添加并编辑过滤器节点,在"过滤器"选项卡中将 time_id 字段和 customer_id 字段过滤(图 2-22)。

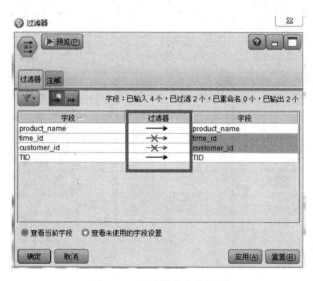

图 2-22　过滤器节点的设置

5) 添加字段重排节点

添加并编辑过滤器节点，在"重排"选项卡中选择"TID"字段，并将"TID"字段移到顶部(图 2-23)。

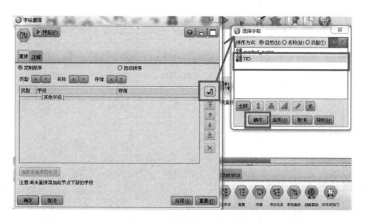

图 2-23　字段重排节点的设置

6) 添加类型节点

由于在本实验中，数据在流中被合并、过滤，并且有新的数据字段的导出，因此，需要添加类型节点进行实例化。经过以上处理，得到的数据如图 2-24 所示。可以看出，数据是事务处理格式的。

	TID	product_name
1	7443982	Washington Berry Juice
2	7981180	Washington Berry Juice
3	9524931	Washington Berry Juice
4	7826776	Washington Berry Juice
5	9229728	Washington Berry Juice
6	8009235	Washington Berry Juice
7	8884691	Washington Berry Juice
8	9317986	Washington Berry Juice
9	9355672	Washington Berry Juice
10	7455394	Washington Berry Juice
11	7898166	Washington Berry Juice
12	7534552	Washington Berry Juice
13	745839	Washington Berry Juice
14	9901894	Washington Berry Juice
15	9632570	Washington Berry Juice
16	101119...	Washington Berry Juice
17	105468...	Washington Berry Juice
18	8027633	Washington Berry Juice
19	106052...	Washington Berry Juice
20	9982511	Washington Berry Juice

图 2-24　预处理之后的 1998 年交易数据

7) 添加并设置 Apriori 节点

Apriori 节点处理事务处理格式和表格格式的设置有很大不同。在处理事务处理格式的时候，类型节点设置的字段角色不起作用，需要在 Apriori 节点的"字段"选项卡中单独设置。设置方法是：选择"使用定制字段分配"，勾选"使用事务处理格式"，在"标识"选项中选择事务处理标识"TID"字段，在"内容"选项中选择交易的内容"product_name"字段(图 2-25)。

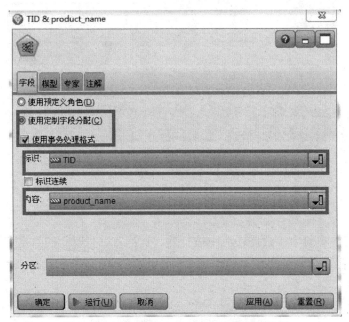

图 2-25　Apriori 节点"字段"选项卡的设置

由于是在原始层数据中进行挖掘，规则的最低条件支持度和最小规则置信度不能设置太高(图 2-26)。

8) 执行流

在当前设置下，执行数据流，弹出错误对话框，提示找不到规则(图 2-27)。请修改最低条件支持度和最小规则置信度，重新运行流。更改设置之后，可以发现有趣的购买模式吗？

最终的数据流如图 2-28 所示。

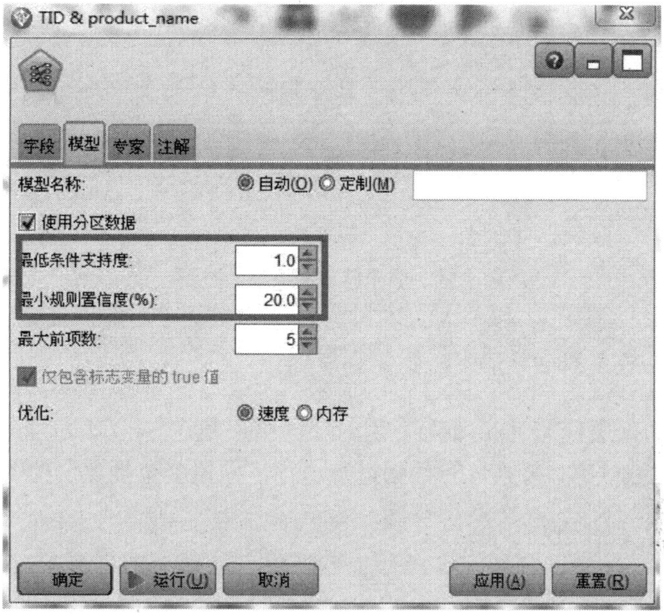

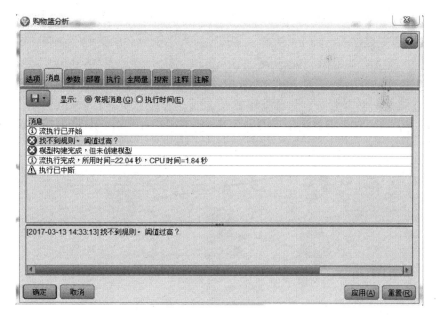

图 2-26　Apriori 节点"模型"选项卡的设置

图 2-27　执行结果

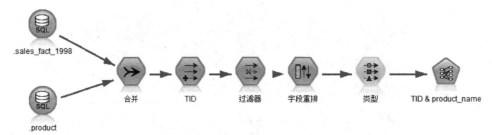

图 2-28 原始层数据挖掘的数据流

2.4.4 在商品较高的抽象层发现强关联规则

将商品的低层概念 (product) 用对应的高层概念 (product subcategory 或 product category 等) 替换，对数据进行泛化，挖掘多个抽象层的关联规则。

1) 导入、合并数据

先将 product 用对应的 product subcategory 替换，从而可以在 product subcategory 层挖掘购物模式。添加并编辑三个数据库源节点，分别选择表 sales_fact_1998、表 product 和表 product_class。

添加合并节点，将节点 product 和 product_class 连接到合并节点。设置合并方法为"关键字"，product_class_id 设置为用于合并的关键字。在"过滤器"选项卡中，将除了"product_id""product subcategory""product category""product department""product family"外的其他字段过滤。再添加一个合并节点，连接上一个合并节点和数据源节点 sales_fact_1998。合并方法仍设置为"关键字"，product_id 设置为用于合并的关键字(图 2-29)。在"过滤器"选项卡中，

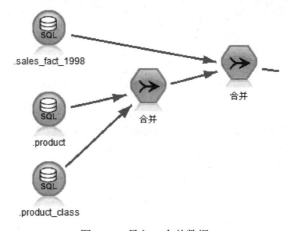

图 2-29 导入、合并数据

仅保留"time_id""customer_id""product subcategory""product category"
"product department""product family"字段。合并之后，得到的数据如图 2-30
所示。

	product_subcategory	product_category	product_department	product_family	time_id	customer_id
1	Juice	Pure Juice Beverages	Beverages	Drink	744	3982
2	Juice	Pure Juice Beverages	Beverages	Drink	798	1180
3	Juice	Pure Juice Beverages	Beverages	Drink	952	4931
4	Juice	Pure Juice Beverages	Beverages	Drink	782	6776
5	Juice	Pure Juice Beverages	Beverages	Drink	922	9728
6	Juice	Pure Juice Beverages	Beverages	Drink	800	9235
7	Juice	Pure Juice Beverages	Beverages	Drink	888	4691
8	Juice	Pure Juice Beverages	Beverages	Drink	931	7986
9	Juice	Pure Juice Beverages	Beverages	Drink	935	5672
10	Juice	Pure Juice Beverages	Beverages	Drink	745	5394
11	Juice	Pure Juice Beverages	Beverages	Drink	789	8166
12	Juice	Pure Juice Beverages	Beverages	Drink	753	4552
13	Juice	Pure Juice Beverages	Beverages	Drink	745	839
14	Juice	Pure Juice Beverages	Beverages	Drink	990	1894
15	Juice	Pure Juice Beverages	Beverages	Drink	963	2570
16	Juice	Pure Juice Beverages	Beverages	Drink	1011	1979
17	Juice	Pure Juice Beverages	Beverages	Drink	1054	6843
18	Juice	Pure Juice Beverages	Beverages	Drink	802	7633
19	Juice	Pure Juice Beverages	Beverages	Drink	1060	5295
20	Juice	Pure Juice Beverages	Beverages	Drink	998	2511

图 2-30　合并后的数据

2) 导出交易标志字段 TID

添加并编辑导出节点，根据 time_id 字段和 customer_id 字段生成交易标志
字段 TID，相关设置同 2.4.2 节。

3) 添加过滤器节点、字段重排节点、类型节点

依次添加过滤器节点、字段重排节点和类型节点，将 time_id 字段和
customer_id 字段过滤，"TID"字段移到顶部，保持类型节点的默认设置。

经过以上处理，得到的数据如图 2-31 所示。

4) 添加并设置 Apriori 节点

在"字段"选项卡中选择"使用定制字段分配"，勾选"使用事务处理格式"，
在"标识"选项中选择事务处理标识"TID"字段，在"内容"选项中选择交易
的内容"product_subcategory"字段(图 2-32)。调整最低条件支持度和最小规则
置信度，在 product_subcategory 抽象层挖掘关联规则。

5) 执行流

在当前设置下，执行数据流，得到 product_subcategory 抽象层的购物模式。

图 2-33 是最低条件支持度和最小规则置信度分别设置为 1% 和 40% 得到的强关联规则。

	TID	product_subcategory	product_category	product_department	product_family
1	7443982	Juice	Pure Juice Beverages	Beverages	Drink
2	7981180	Juice	Pure Juice Beverages	Beverages	Drink
3	9524931	Juice	Pure Juice Beverages	Beverages	Drink
4	7826776	Juice	Pure Juice Beverages	Beverages	Drink
5	9229728	Juice	Pure Juice Beverages	Beverages	Drink
6	8009235	Juice	Pure Juice Beverages	Beverages	Drink
7	8884691	Juice	Pure Juice Beverages	Beverages	Drink
8	9317986	Juice	Pure Juice Beverages	Beverages	Drink
9	9355672	Juice	Pure Juice Beverages	Beverages	Drink
10	7455394	Juice	Pure Juice Beverages	Beverages	Drink
11	7898166	Juice	Pure Juice Beverages	Beverages	Drink
12	7534552	Juice	Pure Juice Beverages	Beverages	Drink
13	745839	Juice	Pure Juice Beverages	Beverages	Drink
14	9901894	Juice	Pure Juice Beverages	Beverages	Drink
15	9632570	Juice	Pure Juice Beverages	Beverages	Drink
16	101119...	Juice	Pure Juice Beverages	Beverages	Drink
17	105468...	Juice	Pure Juice Beverages	Beverages	Drink
18	8027633	Juice	Pure Juice Beverages	Beverages	Drink
19	106052...	Juice	Pure Juice Beverages	Beverages	Drink
20	9982511	Juice	Pure Juice Beverages	Beverages	Drink

图 2-31　预处理之后的交易数据

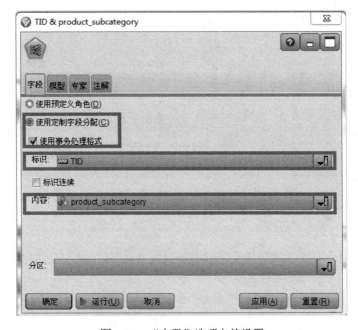

图 2-32　"字段"选项卡的设置

后项	前项	支持度百分比	置信度百分比
Fresh Vegetables = T	Canned Vegetables ... Fresh Fruit = T	1.685	42.932
Fresh Vegetables = T	Personal Hygiene = T Fresh Fruit = T	1.047	42.416
Fresh Vegetables = T	Nuts = T Fresh Fruit = T	1.517	41.473
Fresh Vegetables = T	Paper Wipes = T Dried Fruit = T	1.082	40.761
Fresh Vegetables = T	Cookies = T Soup = T	1.646	40.179

图 2-33　product_subcategory 抽象层的购物模式

最终的数据流如图 2-34 所示。

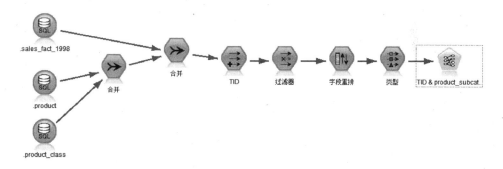

图 2-34　数据流 3

如果更改 "字段" 选项卡中 "内容" 的设置，就可以在商品不同的抽象层上挖掘，如把 "内容" 设置为 product_category 字段，就可以得到 product_category 抽象层上的购物模式。请分别使用 "对所有层使用一致的最低条件支持度" 和 "在较低层使用递减的最低条件支持度" 两种策略在商品的不同抽象层上挖掘购物模式，并分析结果。

2.5　复习思考题

(1) 改变 Apriori 节点最低条件支持度阈值和最小置信度阈值，挖掘出的强关联规则如何变化？

(2) Apriori 节点在处理表格格式和事务处理格式的数据时，其设置有什么不同？

(3) 在对 FoodMart 1998 年交易数据的挖掘中，原始层数据上可以发现有趣的购买模式吗？为什么？

(4) 本实验中，不同的抽象层中挖掘出来的强关联规则有什么不同？哪种更能够提供普遍意义的知识？对于超市的管理者来说，哪种更有意义？

(5) 撰写符合实验内容要求的实验报告：①总结并描述出实验详细过程，将数据分析的过程截图，提交购物篮分析的结果；②写明实验体会和实验中存在的问题及解决的办法。

第 3 章　客 户 细 分

3.1　实 验 目 的

(1) 掌握客户细分的理论和方法，理解进行客户细分的意义。

(2) 掌握聚类分析的相关概念，熟悉 IBM SPSS Modeler 软件中聚类分析的相关节点。

(3) 能够运用所学的客户细分方法 (客户金字塔模型、RFM 模型) 和 IBM SPSS Modeler 软件将企业的客户细分成不同的客户群。

3.2　背 景 知 识

客户细分是 20 世纪 50 年代中期由美国学者温德尔·史密斯(Wender Smith) 提出的，其理论依据在于客户需求的异质性和企业需要在有限资源的基础上进行有效的市场竞争[7]。是指企业在明确的战略业务模式和特定的市场中，根据客户的属性、行为、需求、偏好以及价值等因素对客户进行分类，并提供有针对性的商品、服务和销售模式。

1) 客户金字塔模型

客户金字塔模型就是根据客户盈利能力的差异将客户细分为铂层客户、金层客户、铁层客户、铅层客户等不同的类别，以便企业把资源配置到盈利能力产出最好的客户身上[8]。盈利能力最强的客户层级位于客户金字塔模型的顶部，盈利能力最差的客户层级位于客户金字塔模型的底部。客户金字塔模型跟踪分析客户细分市场的成本和收入，从而得到细分市场对企业的财务价值。界定出盈利能力不同的细分市场之后，企业向不同的细分市场提供不同的服务。

2) RFM 模型

RFM 模型是衡量客户价值和客户创利能力的重要工具和手段。该模型通过一个客户最后一次交易的时间 (上次消费时间)、交易的次数 (频率) 以及这些交易的总额 (货币) 这三项指标来描述该客户的价值状况[9]。理论上，上次消费时间越近的客户应该是比较好的客户，对提供即时的商品或是服务也最有可能会有反应。频率大的客户是最常购买的客户，一般也是满意度最高的客户，如果相信品牌及商店忠诚度的话，最常购买的客户，忠诚度也就最高。货币高的客户一般是企业的高价值客户，是企业的主要利润来源。

RFM 模型是根据客户的行为 (上次消费时间、频率和货币) 来区分客户，非常适用于生产多种商品的企业，而且这些商品单价相对不高，如消费品、化妆品、小家电、录像带店、超市等；它也适合只有少数耐久商品的企业，该企业商品中有一部分属于消耗品，如复印机、打印机、汽车维修等；RFM 对于加油站、旅行保险、运输、快递、快餐店、KTV、移动电话、信用卡、证券公司等也很适合[10]。

在实际运用上，可以把每个维度做一次二分，这样在 3 个维度上得到了 8 组用户。

重要价值客户 (111，编号次序 RFM，1 代表高，0 代表低，下同)：上次消费时间近、频率和货币都很高，是企业最有价值、最重要的客户。

重要保持客户 (011)：上次消费时间较远，但频率和货币都很高，说明这是个一段时间没来的忠实客户，我们需要主动和他保持联系。

重要发展客户 (101)：上次消费时间较近、货币高，但频次不高，忠诚度不高，很有潜力的用户，必须重点发展。

重要挽留客户 (001)：上次消费时间较远、频率不高，但货币高的用户，可能是将要流失或者已经流失的用户，应当采取挽留措施。

3) 聚类分析

聚类是将数据对象划分成不同的类或者簇这样的一个过程。由聚类所生成的簇是一组数据对象的集合，这些对象与同一个簇中的对象彼此相似，与其他簇中的对象相异[5]。聚类分析广泛应用在许多应用中，如模式识别、数据分析、图像处理、市场研究等。通过聚类，人们能够识别密集和稀疏的区域，因而发现全局的分布模式，以及数据属性之间的有趣的相互关系。在商务上，聚类能帮助市场分析人员从客户基本库中发现不同的客户群，并且用购买模式来刻画不同的客户群的特征。

4) K-均值算法

K-均值算法接受输入量 K；然后将 n 个数据对象划分为 K 个聚类，以便使得所获得的聚类满足：同一聚类中的对象相似度较高；而不同聚类中的对象相似度较小[5]。聚类相似度是利用各聚类中对象的均值所获得一个"中心对象"(引力中心) 来进行计算的。

K-均值算法的工作过程如下：首先从 n 个数据对象任意选择 K 个对象作为初

始聚类中心；而对于所剩下其他对象，则根据它们与这些聚类中心的相似度 (距离)，分别将它们分配给与其最相似的 (聚类中心所代表的) 聚类；然后再计算每个所获新聚类的聚类中心 (该聚类中所有对象的均值)；不断重复这一过程直到标准测度函数开始收敛为止。一般都采用均方差作为标准测度函数。K 个聚类具有以下特点：各聚类本身尽可能的紧凑，而各聚类之间尽可能的分开。

3.3 实 验 内 容

3.3.1 实验数据

Transactions 是 SPSS Modeler 以前版本所带的示例数据，模拟某公司 2001 年 1 月 1 日到 2001 年 12 月 30 日的客户交易数据，共 69 215 条记录，包括 CardID、Date 和 Amount 几个字段，其中，CardID 是客户 ID，Date 是交易时间，Amount 是交易的金额(图 3-1)。

	CardID	Date	Amount
1	C0100000199	20010820	229.000
2	C0100000199	20010628	139.000
3	C0100000199	20011229	229.000
4	C0100000343	20010727	49.000
5	C0100000343	20010202	169.990
6	C0100000343	20010712	299.000
7	C0100000343	20010202	34.950
8	C0100000343	20010907	99.000
9	C0100000343	20010513	49.000
10	C0100000375	20010922	99.990
11	C0100000375	20010502	5.990
12	C0100000375	20011101	49.000
13	C0100000375	20011016	69.000
14	C0100000482	20010812	84.000
15	C0100000482	20010328	69.000
16	C0100000482	20010403	24.990
17	C0100000482	20011210	19.990
18	C0100000689	20010523	79.000
19	C0100000689	20011226	349.000
20	C0100000789	20010610	299.000

图 3-1 某企业的客户交易数据表

3.3.2 实验内容

根据客户的交易数据对客户进行细分，得到具备不同特征的客户群体，管理者可以据此提供有针对性的商品、服务和销售模式。

(1) 用客户金字塔模型将某企业的客户细分成不同的客户群，找出该企业的高端客户、中端客户和小客户。①计算每个客户的总交易金额；②根据客户的总交易金额将客户细分成不同的客户群，并分析每个客户群的特征。

(2) 用 RFM 模型将某企业的客户细分成不同的客户群，并分析每个客户群的特征。①计算每个客户的 RFM 评分；②根据客户的 RFM 评分将客户区分成不同的客户群，并分析每个客户群的特征。

3.4　实 验 步 骤

3.4.1　客户金字塔模型

1) 添加一个指向 Transactions 数据文件的变量文件源节点

本实验中的数据文件 Transactions 是 CSV(逗号分隔值文件格式) 文件，因此使用变量文件节点导入数据文件 Transactions。编辑节点指向文件 Transactions.csv，通过选择"类型"条目检查结果(图 3-2)，具体的设置参考第 1 章。

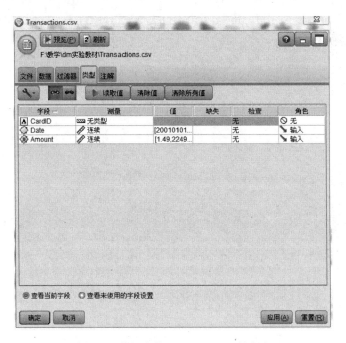

图 3-2　数据文件 Transactions 的字段

2) 使用汇总节点计算每个客户的总交易金额

数据文件 Transactions 记录了客户每一次交易的金额，需要使用汇总节点计算每个客户的总交易金额。添加并编辑汇总节点，关键字段设置为 CardID 字段，汇总字段设置为 Amount 字段，汇总模式选择"合计"(图 3-3)。

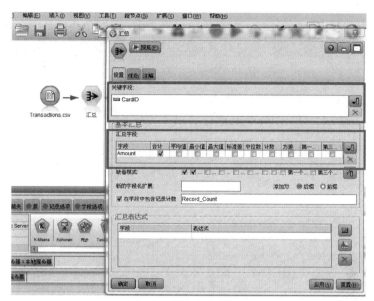

图 3-3　汇总节点的设置

　　汇总之后，将为每一个客户 (关键字段是 CardID) 生成一个经过汇总的记录，汇总其交易金额，其中，Amount_Sum 字段是汇总的交易金额；Record_Count 字段是记录计数，表明汇总了多少输入字段而形成了每个汇总记录(图 3-4)。

	CardID	Amount_Sum	Record_Count
1	C0100000199	597.000	3
2	C0100000343	700.940	6
3	C0100000375	223.980	4
4	C0100000482	197.980	4
5	C0100000689	428.000	2
6	C0100000789	777.000	3
7	C0100000915	49.000	1
8	C0100001116	942.970	6
9	C0100001139	339.490	4
10	C0100001156	528.000	2
11	C0100001244	339.930	3
12	C0100001405	153.990	2
13	C0100001916	371.980	5
14	C0100002002	957.990	4
15	C0100002206	312.980	4
16	C0100002536	246.990	3
17	C0100002691	388.000	2
18	C0100003019	1312.990	3
19	C0100003346	491.000	4
20	C0100003753	124.000	1

图 3-4　汇总结果

3) 使用聚类节点细分客户

添加 K-Means 节点之前，需要添加类型节点，设置字段在建模时的角色。在本实验中，将 Amount_Sum 字段的角色设置为输入，作为 K-Means 节点的输入字段参与建模；其他字段的角色设置为无，不参与建模(图 3-5)。

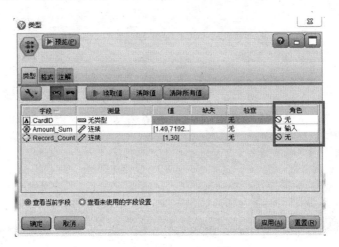

图 3-5 类型节点设置

添加并编辑 K-Means 节点，将聚类数设置为 3，这样聚类之后将得到 3 个客户群(图 3-6)。

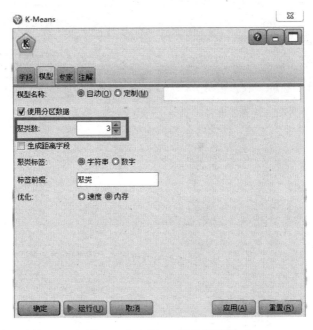

图 3-6 K-Means 节点的设置

4) 执行流得到聚类结果

执行所建流, 将生成 K-Means 模型块, K-Means 模型块包含由聚类模型捕获的所有信息, 还包含有关训练数据和估计过程的信息(图 3-7)。

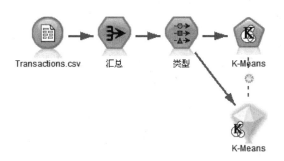

图 3-7　执行结果

K-Means 模型块的"模型"选项卡包含有关由模型定义的聚类的详细信息。它不仅对聚类进行标记, 而且还显示分配给每个聚类的记录数。每个聚类都由其中心描述, 此中心可视为该聚类的原型。对于数值字段, 将给出分配给聚类的训练记录的均值。如本实验中, 聚类 1 的记录数有 9616 个, Amount_Sum 字段的均值是 278.75。即客户群 1 中包含 9616 个客户, 其总交易金额的均值是 278.75(图 3-8)。

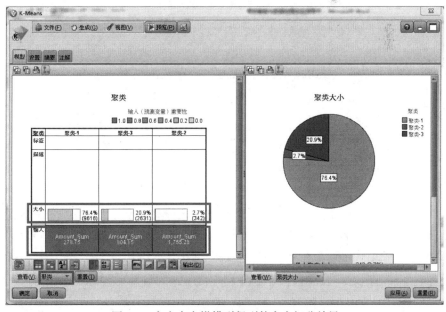

图 3-8　客户金字塔模型得到的客户细分结果

3.4.2 RFM 模型

1) 添加一个指向 Transactions 数据文件的变量文件源节点

方法同 3.4.1 节，此处不再详述。

2) 添加填充节点变换数据格式

在 Transactions 数据文件中，日期详细信息以整数形式存储。而 RFM 汇总节点计算上次消费时间时，需要日期数据是"日期"存储，因此，必须将整数转换成"日期"存储。为此，需要添加一个填充节点并选择日期作为填入字段。设置 Date 字段作为填入字段，替换条件为"始终"，输入 to_date (to_string(Date)) 作为"替换为"的值(图 3-9)。

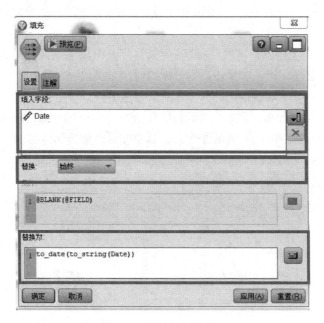

图 3-9　填充节点的设置

to_date(to_string(Date)) 表达式的含义是先将 Date 字段转换为字符存储，然后转换为日期存储。初学者建议尽量不要手动输入表达式，而是使用表达式构建器来生成表达式，以减少错误的产生(图 3-10)。

3) 使用 RFM 汇总节点计算客户的上次消费时间、频率以及货币

添加 RFM 汇总节点，指定 Transactions 数据文件中的哪些字段将要用于

标识 RFM 信息。为此，输入固定日期 2001-12-30，此操作将提供用于计算上次消费时间值的日期。设置"CardID"字段作为标识字段，设置"Date"字段作为日期字段，设置"Amount"字段作为值字段 (此字段用于标识提供"货币"值的数据)(图 3-11)。

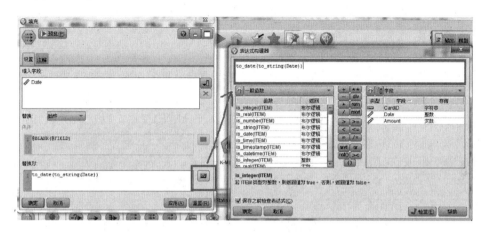

图 3-10　表达式构建器

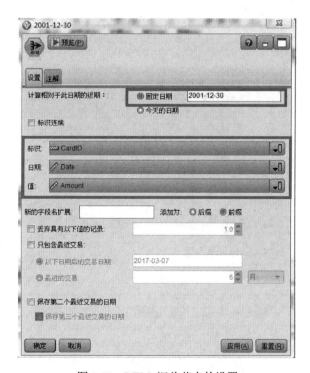

图 3-11　RFM 汇总节点的设置

4) 使用 RFM 分析节点对上次消费时间、频率和货币三个维度做一次二分

添加一个 RFM 分析节点，选择将提供 RFM 数据的三个数据输入项。因为前面的节点为 RFM 汇总节点，所以相应的输入项为"上次消费时间""频率"和"货币"；在"设置"选项卡中，分别在相应的命名字段中选择这些输入项(图 3-12)。

其他重要设置有：

分级数。为上次消费时间、频率和货币三个维度分别选择要创建的分级数。默认值为 5，即分别将每个维度细分出 5 份，这样就能够细分出 5×5×5=125 类用户。本次实验中，将分级数设置为 2，可以得到 2×2×2=8 类用户。

宽度 (权重)。为三个维度设置计算 RFM 评分时的权重，默认情况下，计算分值时会将上次消费时间数据的重要性视为最高，其次是频率，最后是货币。如果需要，可以修改影响上述一个或多个字段的权重，来更改重要性级别。RFM 评分的计算方法如下：(上次消费时间分值×上次消费时间权重)+(频率分值×频率权重)+(货币分值×货币权重)。本次实验中将三个维度的权重设置为默认的 100、10、1，这样，假设某个客户同时属于 R=2、F=3、M=4 三个组，则可以得到该客户的 RFM 评分为 234。

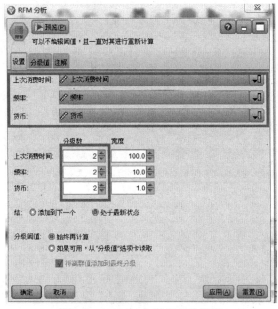

图 3-12　RFM 分析节点的设置

使用以上设置之后，就可以根据交易数据对客户进行细分，得到 8 个客户群。在数据流中添加一个表格节点，可以查看每个客户的 RFM 评分(图 3-13)。

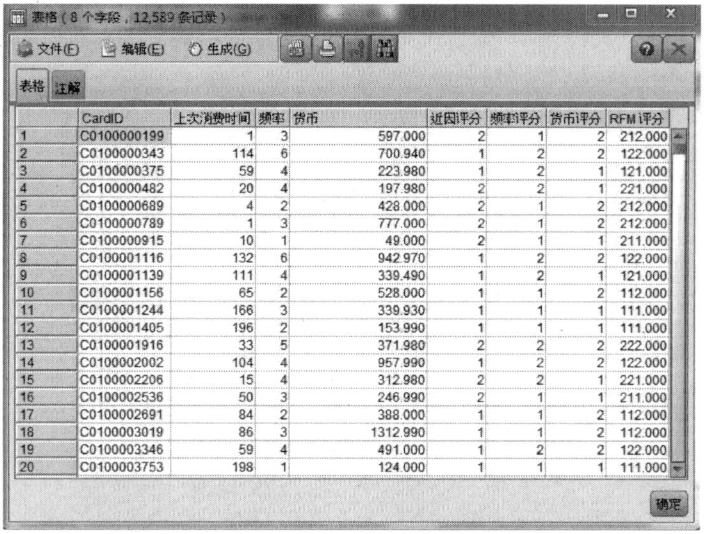

	CardID	上次消费时间	频率	货币	近因评分	频率评分	货币评分	RFM 评分
1	C0100000199	1	3	597.000	2	1	2	212.000
2	C0100000343	114	6	700.940	1	2	2	122.000
3	C0100000375	59	4	223.980	1	2	1	121.000
4	C0100000482	20	4	197.980	2	2	1	221.000
5	C0100000689	4	2	428.000	2	1	2	212.000
6	C0100000789	1	3	777.000	2	1	2	212.000
7	C0100000915	10	1	49.000	2	1	1	211.000
8	C0100001116	132	6	942.970	1	2	2	122.000
9	C0100001139	111	4	339.490	1	2	1	121.000
10	C0100001156	65	2	528.000	1	1	2	112.000
11	C0100001244	166	3	339.930	1	1	1	111.000
12	C0100001405	196	2	153.990	1	1	1	111.000
13	C0100001916	33	5	371.980	2	2	2	222.000
14	C0100002002	104	4	957.990	1	2	2	122.000
15	C0100002206	15	4	312.980	2	2	1	221.000
16	C0100002536	50	3	246.990	2	1	1	211.000
17	C0100002691	84	2	388.000	1	1	2	112.000
18	C0100003019	86	3	1312.990	1	1	2	112.000
19	C0100003346	59	4	491.000	1	2	2	122.000
20	C0100003753	198	1	124.000	1	1	1	111.000

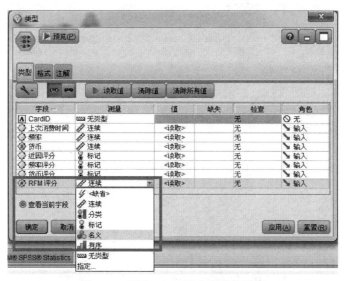

图 3-13　RFM 评分

5) *使用分布节点查看客户群的分布*

RFM 评分字段默认的类型是“连续”，而分布节点不能查看数字值的分布情况。因此，先添加类型节点，将 RFM 评分字段的类型改为“名义”。“名义”类型用于描述具有多个不同值的数据，其中的每个值都被视为集合的一个成员，集合可以具有任意存储类型——数字、字符串或日期/时间(图 3-14)。

图 3-14　更改 RFM 评分字段的类型

添加并编辑分布节点，在“散点图”的“字段”选项中，选择“RFM 评分”字段作为其显示值的分布(图 3-15)。

RFM 评分
字段: RFM 评分
散点图
外观
输出
注解
散点图:
选定字段
所有标志(true 值)
字段:
RFM 评分
交叠字段
颜色:
按颜色标准化
排序:
按字母顺序
按计数
比例尺
确定
运行(U)
取消
应用(A)
重置(R)

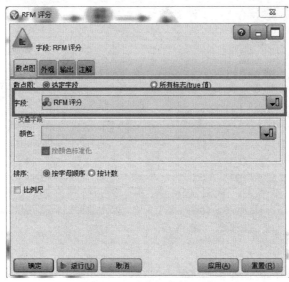

图 3-15　分布节点的设置

运行数据流，得到 RFM 评分字段的分布情况，即使用 RFM 评分得到的 8 个客户群的分布结果(图 3-16)。

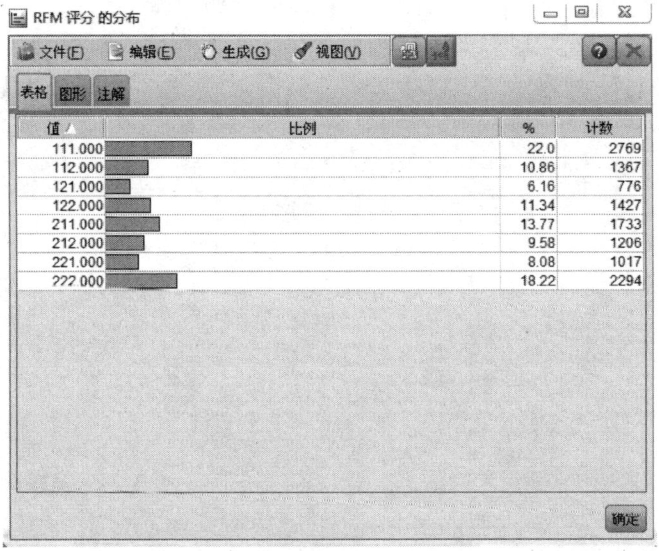

RFM 评分 的分布
文件(F)
编辑(E)
生成(G)
视图(V)
表格
图形
注解
值
比例
%
计数
111.000
22.0
2769
112.000
10.86
1367
121.000
6.16
776
122.000
11.34
1427
211.000
13.77
1733
212.000
9.58
1206
221.000
8.08
1017
222.000
18.22
2294
确定

图 3-16　客户金字塔模型得到的客户细分结果

最终的数据流如图 3-17 所示。

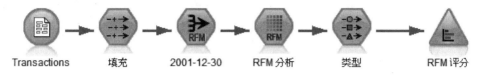

图 3-17 最终的数据流

3.5 复习思考题

(1) 客户金字塔模型中 K-Means 节点的聚类数设置为其他数值，如 4 或 5，会得到什么结果？请比较不同聚类数得到的聚类结果。

(2) 客户金字塔模型得到的客户细分结果符合二八法则吗？

(3) RFM 分析节点中，RFM 的权重为什么这么设置？

(4) 如果将 RFM 分析节点中的客户 RFM 数据 5 等分，会得到什么结果？

(5) 比较两种方法得到的客户细分结果，并说明对于每一个客户群体，应采取什么样的管理策略。

(6) 撰写符合实验内容要求的实验报告：①总结并描述出实验详细过程，将数据分析的过程截图，提交客户细分的结果；②写明实验体会和实验中存在的问题及解决的办法。

第 4 章 客 户 分 类

4.1 实 验 目 的

(1) 掌握分类的相关概念 (分类、决策树算法等), 理解进行客户分类的意义, 熟悉 IBM SPSS Modeler 软件中分类的相关节点。

(2) 能够运用 IBM SPSS Modeler 软件, 选择合适的节点, 分析类标号已知的数据对象, 构建分类模型, 并使用分类模型预测类标号未知的对象类。

4.2 背 景 知 识

1) 分类

分类是这样的过程, 它找出描述并区分数据类或概念的模型 (或函数), 以便能够使用模型预测类标号未知的对象的类标号[5]。导出模型是基于对训练数据集 (即其类标号已知的数据对象) 的分析。导出模式可以用多种形式表示, 如分类规则、决策树、数学公式或神经网络。分类是一个两阶段过程, 包括学习阶段 (构建分类模型) 和分类阶段 (使用模型预测给定数据的类标号)。

2) 决策树归纳

决策树是一个类似于流程图的树结构, 每个节点代表一个属性值上的测试, 每个分支代表测试的一个输出, 树叶代表类或类分布。决策树归纳是从有类标号的训练元组中学习决策树。决策树分类器的构造不需要任何领域知识或参数设置, 可以处理高维数据, 适合探测式知识发现, 而且树的形式表示直观、容易被人理解。决策树归纳算法已经成功应用于许多应用领域。

4.3 实 验 内 容

4.3.1 实验数据

1) 类标号已知的客户数据

Customer 表是 FoodMart 数据库中描述客户特征的表(图 4-1), 包括客户姓名、地址、出生日期、年收入、婚姻状况等字段，以及一个描述客户类别的字段"member_card"。字段"member_card"将客户分成四个类别：Golden、Silver、Bronze 和 Normal。

customer_id	account_num	lname	fname	mi	address1	address2	address3	address4	city	state_province	postal_code	country	customer_region_id	phone1	phone2	birthdate
1	87462024688.000	Nowmer	Sheri	A.	2433 Bailey Road	$null$	$null$	$null$	Tlaxiaco	Oaxaca	15057	Mexico	30	271-555-9715	110-555-1969	1961-08-26
2	87470586299.000	Whelply	Derrick	I.	2219 Dewing Avenue	$null$	$null$	$null$	Sooke	BC	17172	Canada	101	211-555-7669	807-555-9033	1915-07-03
3	87475757600.000	Derry	Jeanne	S.	7640 First Ave.	$null$	$null$	$null$	Issaquah	WA	73980	USA	21	656-555-2272	221-555-2493	1910-06-21
4	87500482201.000	Spence	Michael	J.	337 Tosca Way	$null$	$null$	$null$	Burnaby	BC	74674	Canada	92	929-555-7279	272-555-2844	1969-06-20
5	87514054179.000	Gutierrez	Maya	J$.	8668 Via Neruda	$null$	$null$	$null$	Novato	CA	57355	USA	42	387-555-7172	260-555-6936	1951-05-10
6	87517782449.000	Damstra	Robert	F.	1619 Stillman Court	$null$	$null$	$null$	Lynnwood	WA	90792	USA	75	922-555-5465	333-555-5915	1942-10-08
7	87521172800.000	Kanagaki	Rebe...	$...	2860 D Mt. Hood Circle	$null$	$null$	$null$	Tlaxiaco	Oaxaca	13343	Mexico	30	515-555-6247	934-555-9211	1949-03-27
8	87539744377.000	Brunner	Kim	H.	6064 Brodia Court	$null$	$null$	$null$	San Andres	DF	12942	Mexico	106	411-555-6825	130-555-6618	1922-08-10
9	87544797658.000	Blumberg	Brenda	C.	7560 Trees Drive	$null$	$null$	$null$	Richmond	BC	17256	Canada	90	815-555-3975	642-555-6483	1979-06-23

图 4-1　Customer 表(部分)

2) 类标号未知的客户数据

数据文件 customer_new.tab 描述新客户的特征，其中，客户类别的字段"member_card"的值未知(图 4-2)。

	region_id	phone1	phone2	marital_status	yearly_income	gender	total_children	num_children_at_home	education	member_card	occupation	houseowner	num_cars_owned	age	years_accnt_open
1	104	879-555-8187	860-555-1466	S	$10K - $30K	M	2	0	Partial High School		Skilled Manual	N	2	67	
2	57	691-555-4880	779-555-9673	S	$30K - $50K	M	2	0	High School Degr...		Manual	Y	2	33	
3	93	918-555-3630	306-555-5451	M	$30K - $30K	M	2	2	Partial High School		Manual	Y	0	87	
4	9	991-555-2609	248-555-3287	M	$30K - $50K	F	3	3	High School Degr...		Manual	Y	3	40	
5	8	341-555-8987	937-555-1351	S	$30K - $50K	M	2	0	High School Degr...		Manual	N	3	86	
6	103	437-555-6594	902-555-6815	M	$10K - $30K	M	2	0	Partial High School		Manual	N	0	21	
7	66	710-555-2601	952-555-7166	M	$50K - $70K	M	5	5	Bachelors Degree		Management	N	4	32	
8	15	168-555-2494	941-555-2258	S	$130K - $150K	M	4	0	Bachelors Degree		Professional	Y	4	50	
9	91	154-555-6705	465-555-7154	S	$70K - $90K	F	2	0	Bachelors Degree		Professional	N	2	59	
10	4	296-555-1569	715-555-4533	M	$10K - $30K	F	0	0	Partial High School		Skilled Manual	N	1	52	

图 4-2　数据文件 customer_new.tab

4.3.2　实验内容

(1) 选择合适的分类算法，分析类标号已知的客户数据 Customer 表，构建客户分类模型，描述不同类别客户的特征。

(2) 用上一步得到的分类模型预测类别号未知的新客户的类标号，即预测数据文件 customer_new.tab 中新客户的类标号。

4.4　实　验　步　骤

4.4.1　构建分类模型

1) 导入数据

添加并编辑数据库源节点，选择 FoodMart 数据源和表 Customer，导入客户数据，具体设置详见第 1 章。

2) 根据字段"birthdate"生成字段"age"

在表 Customer 中，字段"birthdate"的存储类型是时间，不适合后面的分类建模。因此，需要对字段"birthdate"进行数据变换。添加导出节点，根据字段"birthdate"生成导出字段"age"，即根据客户的出生日期生成客户的年龄。单击导出节点"设置"选项卡的表达式构建器按钮，在表达式构建器中输入表达式：

to_integer(date_years_difference(to_date(birthdate),to_date(to_string(19981230))))

其中，date_years_difference(Date1, Date2) 函数用来计算两个时间或两个日期之间的差值，该函数将返回一个实数值，用以表示从日期字符串 Date1 代表的日期至日期字符串 Date2 代表的日期之间的时间长度（以年为计算单位）。to_integer(ITEM) 函数用来将 ITEM 转换为整数，ITEM 必须为字符串或数值。所以，此表达式的含义是通过字段"birthdate"生成客户的年龄，返回的是客户的具体的年龄值(图 4-3)。

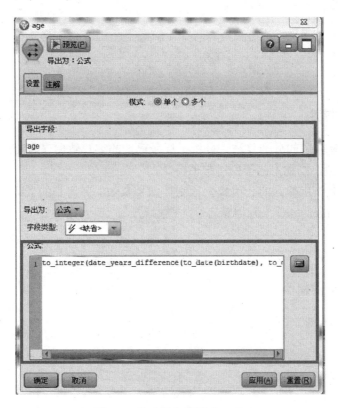

图 4-3　生成导出字段"age"

3) 根据字段"date_accnt_opened"生成字段"years_accnt_opened"

添加导出节点，根据字段"date_accnt_opened"生成导出字段"years_accnt_opened"，即根据客户的开户日期生成客户的开户时间 (以年为单位)。单击导出节点"设置"选项卡的表达式构建器按钮，在表达式构建器中输入表达式：

to_integer(date_years_difference(to_date(date_accnt_opened), to_date(to_string(19981230))))

此表达式的含义是通过字段"date_accnt_opened"生成客户的开户时间，返回的是客户的开户年限数值(图 4-4)。

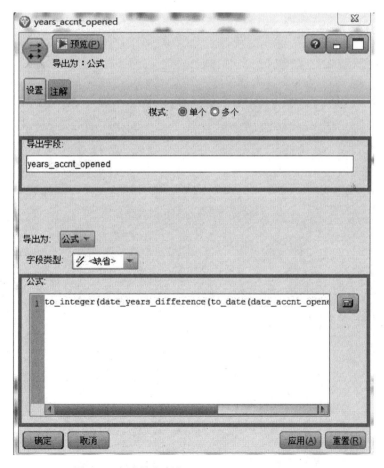

图 4-4　生成导出字段"years_accnt_opened"

4) 用填充节点去掉"mi"字段的尾部空格

"mi"字段中的部分值包含尾部空格，如不处理，在分类建模中可能会出现如图4-5所示的错误。因此，添加填充节点，将"mi"字段的尾部空格去掉。在设置填充节点时，将替换条件设置为"始终"。替换公式为"trim(mi)"，该表达式中的函数trim(STRING) 的作用是去除指定字符串的前导和尾部空格(图4-6)。

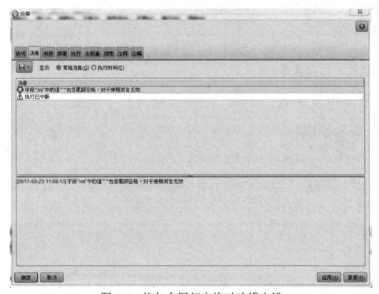

图4-5 值包含尾部空格时建模出错

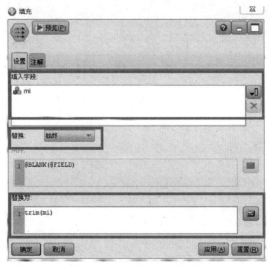

图4-6 填充节点的设置

5) 添加过滤器节点

添加过滤器节点,过滤字段"birthdate"和字段"date_accnt_opened",这两个字段不参与后面的建模(图4-7)。

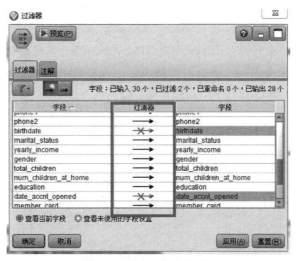

图4-7 过滤器节点的设置

6) 添加类型节点

本实验中,类标号字段(即目标字段、输出字段)是字段"member_card",因此,需要在类型节点中将字段"member_card"的角色修改为"目标"(图4-8)。

图4-8 类型节点的设置

7) 添加自动分类器节点

在不清楚选择哪种分类建模算法的情况下,可以选择自动分类器节点,在一次建模运行中尝试多种算法,并找出其中预测准确率高的算法。添加自动分类器节点,采用默认设置并运行。

执行自动建模节点时,节点评估每个可能选项组合的候选模型,基于指定的测量为每个候选模型排序,并将最佳模型保存在符合自动模型块中。此模型块实际上包含该节点生成的一个或多个模型的集合,其中模型可单独浏览或选中用于评分。每个模型列有模型类型和构建时间,以及适合该模型类型的多个其他测量。可以按照这些列中的任意一列对表进行排序,以便快速确定最关注的模型。要浏览任何一个单独的模型块,可双击模型块图标。然后可以从这里生成该模型的建模节点到流工作区,或生成模型块副本到模型选项卡。

本实验中,自动分类器节点的执行结果如图 4-9 所示。可以看出 C5.0 模型和 CHAID 模型的精确性较高。双击 C5.0 模型块图标,查看 C5.0 算法生成的模型的具体信息(图 4-10)。

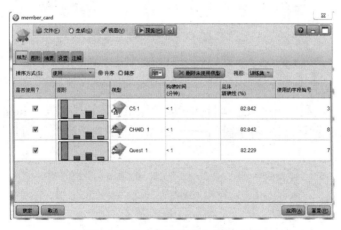

图 4-9　自动分类器节点执行结果

最终的数据流如图 4-11 所示。

4.4.2　使用分类模型预测类标号

1) 导入数据

添加变量文件节点,并编辑节点指向数据文件 customer_new.tab。由于文件 customer_new.tab 是制表符分割的格式,注意在变量节点的设置中,将字符定界符选项中的"制表符"选中(图 4-12)。

图 4-10 C5.0 模型的详细信息

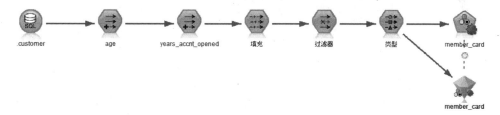

图 4-11 构建分类模型的数据流

2) 生成规则集

在图 4-13 的 C5.0 模型的窗口中，选择生成→规则集菜单，则在流工作
区中生成 C5.0 模型的规则集，此规则集可用于对类标号未知的数据对象进行
预测。

图 4-12　导入数据文件 customer_new.tab

图 4-13　生成规则集

3) 添加表格节点，查看预测结果

添加表格节点，并执行数据流，得到分类预测的结果。其中，字段"$C-member_card"是预测的类标号，字段"$CC-member_card"是预测的概率(图 4-14)。

		houseowner	num_cars_owned	age	years_accnt_opened	$C-member_card	$CC-member_card
1	al	N	2	87	7	Normal	0.925
2		Y	2	33	6	Bronze	0.810
3		Y	0	87	6	Normal	0.925
4		Y	3	40	5	Golden	0.732
5		Y	3	86	7	Bronze	0.810
6		N	0	21	5	Normal	0.925
7		N	4	32	6	Golden	0.732
8		Y	4	50	4	Bronze	0.810
9		N	2	59	7	Bronze	0.810
10	al	N	1	52	4	Normal	0.925

图 4-14 分类预测结果

数据流如图 4-15 所示。

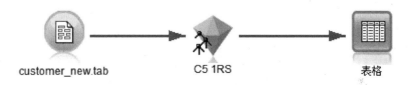

customer_new.tab   C5 1RS   表格

图 4-15 预测类标号的数据流

4.5 复习思考题

(1) 使用自动建模节点有什么好处？

(2) 和其他分类算法相比，决策树归纳分类有什么优点？

(3) SPSS Modeler 软件中，构建分类模型阶段的训练样本集和分类阶段的数据集的格式要不要一致？

(4) 使用 C5.0 节点而不是自动分类器节点构建客户分类模型，学习 C5.0 节点中相关设置的含义。如选择"准确率"和选择"普遍性"有何不同？

(5) 撰写符合实验内容要求的实验报告：①总结并描述出实验详细过程，将数据分析的过程截图，提交客户分类的结果；②写明实验体会和实验中存在的问题及解决的办法。

第二部分

开源数据挖掘软件使用篇

第5章 Weka 软件使用基础

5.1 实 验 目 的

(1) 熟悉 Weka 软件的使用环境，了解 Weka 的主界面和 Explorer 界面。

(2) 了解 Weka 软件支持的数据格式，特别是 ARFF 格式数据文件。

(3) 初步掌握使用 Weka 软件导入数据和进行数据预处理。

5.2 背 景 知 识

1) Weka

Weka 的全名是怀卡托智能分析环境 (Waikato environment for knowledge analysis)，是一个功能全面、非商业化、基于 Java 的开源机器学习和数据挖掘应用平台。Weka 集成大量数据挖掘相关的算法，包括数据预处理、分类、回归、聚类、关联规则、数据可视化等任务。Weka 软件和相关资料可在其官方网站*下载。

Weka 提供两种方式供人们使用，不仅可以独立地进行数据处理，而且可以根据实际需求加入算法程序。

2) ARFF 格式

ARFF 格式是 Weka 专用的文件格式，全称是 attribute-relation file format。它是一个 ASCII 文本文件，记录了一些共享属性的实例。Weka 中，表格里的一个横行称作一个实例 (instance)，相当于统计学中的一个样本，或者数据库中的一条记录。竖行称作一个属性 (attribute)，相当于统计学中的一个变量，或者数据库中的一个字段。这样一个表格，或者叫数据集，呈现了属性之间的一种关系 (relation)[11]。

整个 ARFF 文件可以分为两个部分。第一部分给出了头信息 (head information)，包括对关系的声明和对属性的声明。第二部分给出了数据信息 (data information)，即数据集中给出的数据。

---

* http://www.cs.waikato.ac.nz/ml/weka

(1) 头信息。头信息的例子如下：

% 1. Title: Iris Plants Database

%

% 2. Sources:

% (a) Creator: R.A. Fisher

% (b) Donor: Michael Marshall (MARSHALL%PLU@io.arc.nasa.gov)

% (c) Date: July, 1988

%

@relation iris

@attribute sepallength NUMERIC

@attribute sepalwidth NUMERIC

@attribute petallength NUMERIC

@attribute petalwidth NUMERIC

@attribute class {Iris-setosa,Iris-versicolor,Iris-virginica}

以 "%" 开始的行是注释，Weka 将忽略这些行。头信息部分包括关系声明和属性声明。关系名称通过 ARFF 文件的第一个有效行来定义，格式为

@relation <relation-name>

其中，<relation-name>是一个字符串。如果这个字符串包含空格，它必须加上引号 (指英文标点的单引号或双引号)。

属性声明用一列以 "@attribute" 开头的语句表示。数据集中的每一个属性都有它对应的 "@attribute" 语句，来定义它的属性名称和数据类型。这些声明语句的顺序很重要。首先它表明了该项属性在数据部分的位置。其次，最后一个声明的属性被称作 Class 属性，在分类或回归任务中，它是默认的目标变量。属性声明的格式为

@attribute <attribute-name><datatype>

其中，<attribute-name>是必须以字母开头的字符串。和关系名称一样，如果这个字符串包含空格，它必须加上引号。

(2) 数据信息。从 "@data" 标记开始，后面的就是数据信息了。数据信息的例子如下：

@data

5.1,3.5,1.4,0.2,Iris-setosa

4.9,3.0,1.4,0.2,Iris-setosa

4.7,3.2,1.3,0.2,Iris-setosa

4.6,3.1,1.5,0.2,Iris-setosa

5.0,3.6,1.4,0.2,Iris-setosa

5.4,3.9,1.7,0.4,Iris-setosa

5.3　实　验　内　容

(1) 初步认识 Weka 软件，熟悉 Weka 软件的主界面、Explorer 界面。

(2) 学习 Weka 软件支持的主要数据格式，使用 Weka 软件导入数据文件 customer.csv。

(3) 对导入的数据进行如下处理：

将 num_children_at_home 属性由 Numeric (数值型) 变为 Nominal (名义型)；

对 age 属性进行离散化处理；

将 total_children 属性转换为布尔属性；

从原数据集中选择前 7000 个实例。

(4) 导入数据文件 DRUG1n.csv，观察各属性之间的关系。

5.4　实　验　步　骤

5.4.1　初步认识 Weka 软件

1) Weka 主界面

以 Weka 3.8.1 版本为例，介绍 Weka 软件的使用。依次单击开始→所有程序→Weka 3.8.1→Weka 3.8，启动程序，显示 Weka 主窗口(图 5-1)。注：如果出现 Weka 安装启动命令窗口一闪而过，之后就没有的情况，请找到安装根目录，然后找到 weka.jar，这是一个可执行 jar 文件，选择 java 运行方式打开。

图 5-1　Weka 主界面

该主界面包含两个部分:

菜单栏。菜单栏位于 Weka 主界面的顶部,包含四个菜单栏:Program、Visualization、Tools 和 Help,选择不同的功能即点击进入相应的部分即可。

应用按钮。在主界面的右侧部分有五个按钮,每一个对应一个 Weka 应用:探索者 (Explorer)、实验者 (Experimenter)、知识流 (Knowledge Flow)、工作台 (Workbench)、命令行 (Simple CLI)[12]。

(1) 探索者 (Explorer) 图形用户界面。Explorer 图形用户界面是 Weka 系统主要的数据处理界面,具有很好的交互性,可以通过它使用 Weka 中的几乎所有数据挖掘功能,将所有的操作转换成人们所熟悉的图形模式。Weka 对所含工具给出了用法提示,设置了合理的默认值。

(2) 实验者 (Experimenter) 用户界面。实验者用户界面是专门设计来帮助用户解答实际应用中所遇到的一个基本问题,即在将分类及回归运用于实践时,对于一个已知的问题,哪些方法及参数值能够取得最佳效果。通过使用实验者用户界面,用户可令处理过程自动化,它能使具有不同参数设定的分类器和过滤器在运行一组数据集时更加容易,收集性能统计数据及实现显著性测试时更加快捷。

(3) 知识流 (Knowledge Flow) 图形用户界面。知识流用户界面使得用户能够自己设置如何处理流动中的数据。允许用户在屏幕上任意拖动代表算法和数据源的方框,并将它们结合在一起进行设置。它与探索者最大的不同就是可以对大规模数据集进行处理,并且将数据源、学习算法、评估手段等集合在一起,从而形成一个知识流。

(4) 工作台 (Workbench) 图形用户界面。工作台提供一个一体化应用,通过用户选择视角将其他应用结合到一起。

(5) 命令行 (Simple CLI)。Simple CLI 提供了一个简单的命令行接口,允许直接执行 Weka 命令。

2) 探索者界面

点击 Explorer 应用按钮,启动 Explorer 应用,进入 Explorer 界面(图 5-2)。Explorer 界面包括以下几个组成部分:

(1) 标签页。标签页在 Explorer 窗口的顶部,标题栏的下方。当 Explorer 首次启动时,只有第一个标签页是活动的,其他均是灰色的。这是因为在探索数据之前,必须先打开一个数据集 (可能还要对它进行预处理)。

标签页包括 Preprocess (预处理,选择和修改要处理的数据)、Classify (分类,训练和测试关于分类或回归的学习方案)、Cluster (聚类,从数据中学习聚类)、Associate (关联,从数据中学习关联规则)、Select attributes (属性选择,选择数据中最相关的属性) 和 Visualize (可视化, 查看数据的交互式二维图像)。

这些标签被激活后, 点击它们可以在不同的标签页面上进行切换, 而每一个页面上可以执行对应的操作。

(2) 状态栏。状态栏出现在窗口的最底部。它显示一些信息让你知道正在做什么。

(3) Log 按钮。点击这个按钮, 会出现一个单独的窗口, 包含一个可拖动的文本区域。文本的每一行被加了一个时间戳, 显示了它进入日志 (log) 的时间, 一旦在 Weka 中执行某种操作时, 该日志就会记录发生了什么。

(4) Weka 状态图标。状态栏的右边是 Weka 状态图标。

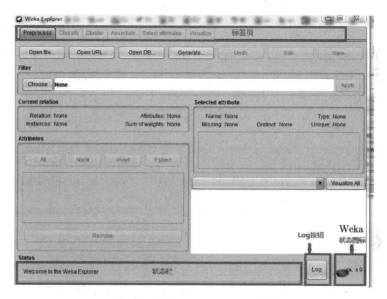

图 5-2　探索者 (Explorer) 界面

5.4.2　导入数据

1) 导入数据

预处理标签页顶部的前 4 个按钮用来把数据载入 Weka, 其中:

(1) Open file... 打开一个对话框, 允许你浏览本地文件系统上的数据文件。

(2) Open URL... 请求一个存有数据的 URL 地址。

(3) Open DB... 从数据库中读取数据 (注意, 要使之可用, 可能需要编辑weka/experiment/DatabaseUtils.props 中的文件)。

(4) Generate... 从一些数据生成器 (DataGenerators) 中生成人造数据。

使用 Open file... 按钮可以读取各种格式的文件，支持的格式主要有：Weka 的 ARFF 格式、CSV 格式、C4.5 格式，或者序列化的实例对象格式。ARFF 文件通常扩展名是.arff，CSV 文件扩展名是.csv，C4.5 文件扩展名是.data 和.names，序列化的实例对象扩展名为.bsi。

2) 格式转换

Weka 软件提供了对 CSV 文件的支持，而这种格式是被很多其他软件如 Excel 所支持的。可以通过 Excel 导入数据，并将其另存为 CSV 类型。

Weka 支持的最好的数据格式是 ARFF 格式，将 CSV 转换为 ARFF 有以下两种方式：

(1) 通过命令行窗口将 CSV 转换为 ARFF。将 CSV 转换为 ARFF 最迅捷的办法是使用 Weka 所带的命令行工具。运行 Weka 的主程序，点击进入 "Simple CLI" 模块提供的命令行功能。在新窗口的最下方 (上方是不能写字的) 输入框写上

java weka.core.converters.CSVLoader filename.csv > filename.arff

即可完成转换。

(2) 通过 Exploer 窗口将 CSV 转换为 ARFF。进入 Exploer 窗口，打开一个 CSV 文件将进行浏览，然后另存为 ARFF 文件。

3) 当前关系

本实验中，选择数据文件 customer.csv，导入数据后，预处理面板就会显示各种信息。Current relation 一栏显示目前装载的数据，Relation 显示关系的名称，Instances 显示数据中的实例 (或称数据点/记录) 的个数，Attributes 显示数据中的属性 (或称特征) 的个数 (图 5-3)。

在 Current relation 一栏下是 Attributes (属性) 栏。有 4 个按钮，其下是当前关系中的属性列表。该列表有 3 列：

(1) No.。一个数字，用来标识数据文件中指定的各属性的顺序。

(2) 选择框。允许勾选关系中呈现的各属性。

(3) Name。数据文件中声明的各属性的名称。

当点击属性列表中的不同行时，右边 Selected attribute 一栏的内容随之改变。这一栏给出了列表中当前高亮显示的属性的一些描述：

(1) Name。属性的名称，和属性列表中给出的相同。

(2) Type。属性的类型，最常见的是名义型 (Nominal) 和数值型 (Numeric)。

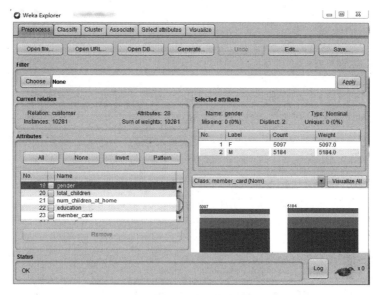

图 5-3　导入数据

(3) Missing。数据中该属性缺失 (或者未指定) 的实例的数量 (及百分比)。

(4) Distinct。数据中该属性包含的不同值的数目。

(5) Unique。唯一地拥有某值的实例的数目 (及百分比), 这些实例中每一个的取值都和别的不一样。

在这些统计量的下面是一个列表, 根据属性的不同类型, 它显示了关于这个属性中储存的值的更多信息。如果属性是分类型的, 列表将包含该属性的每个可能值以及取那个值的实例的数目。如果属性是数值型的, 列表将给出四个统计量来描述数据取值的分布——最小值、最大值、平均值和标准差。在这些统计量的下方, 有一个彩色的直方图, 根据直方图上方一栏所选择的 Class 属性来着色。

属性列表中开始时所有的选择框都是没有被勾选的。可通过逐个点击来勾选/取消。属性列表中的 4 个按钮也可用于改变选择:

(1) All。所有选择框都被勾选。

(2) None。所有选择框都被取消 (没有勾选)。

(3) Invert。已勾选的选择框都被取消, 反之亦然。

(4) Pattern。让用户基于 Perl 5 正则表达式来选择属性。例如, 用 *_id 选择所有名称以 _id 结束的属性。

选中了想要的属性后, 可通过点击属性列表下的 Remove 按钮删除它们。注意可通过点击位于 Preprocess 面板的右上角的 Edit 按钮旁的 Undo 按钮来取消操作。

5.4.3　数据预处理

1) 选择筛选器

在预处理阶段,可以定义筛选器来以各种方式对数据进行变换。Filter 一栏用于对各种筛选器进行必要的设置。Filter 一栏的左边是一个 Choose 按钮。点击这个按钮就可选择 Weka 中的某个筛选器。选定一个筛选器后,它的名字和选项会显示在 Choose 按钮旁边的文本框中。用鼠标左键点击这个框,将出现一个 GenericObjectEditor (通用对象编辑器) 对话框。用鼠标右键 (或 Alt+Shift+左键) 点击将出现一个菜单,你可从中选择,要么在 GenericObjectEditor 对话框中显示相关属性,要么将当前的设置字符复制到剪贴板(图 5-4)。

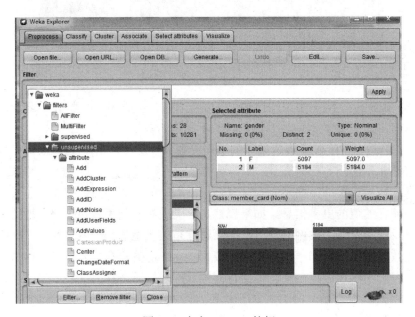

图 5-4　点击 Choose 按钮

2) 配置筛选器

GenericObjectEditor 对话框可以用来配置一个筛选器。窗口中的字段反映了可用的选项。点击它们中间的一个便可改变 Filter 的设置。例如,某项设置可能是一串文本字符,这时将字符串输入相应的文本框中即可。或者它可能会给出一个下拉框,列出可供选择的几个状态。也可能是其他一些操作,根据所需的信息而有所区别。如果把将鼠标指针停留在某个字段上,会出现一个小提示来给出相应选项的信息。而有关该筛选器和它的选项的更多信息可通过点击 GenericObjectEditor 窗口顶部 About 面板中的 More 按钮来获得。

除了 More 按钮，某些对象也会在 About 栏中显示一些有关其功能的简短描述。点击 More 按钮，会出现一个窗口来描述不同的选项分别起什么作用。还有另外一个 Capabilities 按钮，它能列出该对象可处理的属性和 Class 属性的类型。

GenericObjectEditor 对话框的底部有 4 个按钮。前两个 Open… 和 Save… 允许存储对该对象的配置，以备将来之用。Cancel 按钮用于直接退出，任何已做出的改变都将被忽略。当前选择的对象和设置令人满意后，点击 OK 返回到主 Explorer 窗口(图 5-5)。

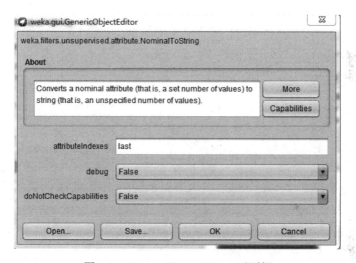

图 5-5　GenericObjectEditor 对话框

3) 应用筛选器

选择并配置好一个筛选器后，就可通过点击 Preprocess 面板的 Filter 栏右边的 Apply 按钮将之应用于数据集上。然后 Preprocess 面板将显示转换过的数据。可点击 Undo 按钮取消改变。你也可使用 Edit… 按钮在一个数据集编辑器中手动修改你的数据。最后，点击 Preprocess 面板右上角的 Save… 按钮将用同样的格式保存当前的关系，以备将来使用。

注意：一些筛选器会依据是否设置了 Class 属性来做出不同的动作。(点击直方图上方那一栏时，会出现一个可供选择的下拉列表) 特别地，"supervised filters" (监督式筛选器) 需要设置一个 Class 属性，而某些 "unsupervised attribute filters"(非监督式属性筛选器) 将忽略 Class 属性。注意也可以将 Class

设成 None，这时没有设置 Class 属性。

4) 改变数据类型

有些算法，只能处理所有的属性都是分类型的情况。这时候我们就需要对数值型的属性进行处理。本实验中，将 num_children_at_home 属性由 Numeric (数值型) 变为 Nominal (名义型)。

在 Filter 一栏中点击 "Choose" 按钮，在出现一棵 "Filter 树" 中逐级找到 "weka.filters.unsupervised.attribute.NumericToNominal"，选中此项。现在 "Choose" 旁边的文本框应该显示 "NumericToNominal -R first-last"。意思是，对所有属性进行格式变换。(注意，若无法关闭这个 "Filter 树"，在树之外的地方点击 "Explorer" 面板即可) 单击这个文本框会弹出 GenericObjectEditor 对话框，将 attributeIndices 设置为 21，这个数字是属性序号，表明是对第 21 个属性即 num_children_at_home 属性变换格式(图 5-6)。

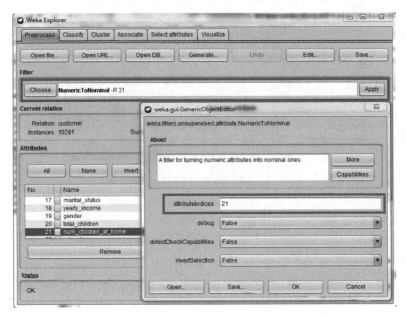

图 5-6　num_children_at_home 属性变换格式的配置

配置好后，点击 Preprocess 面板的 Filter 栏右边的 Apply 按钮将之应用于数据集上(图 5-7)。若想放弃离散化可以单击预处理页面的 "Undo" 按钮。

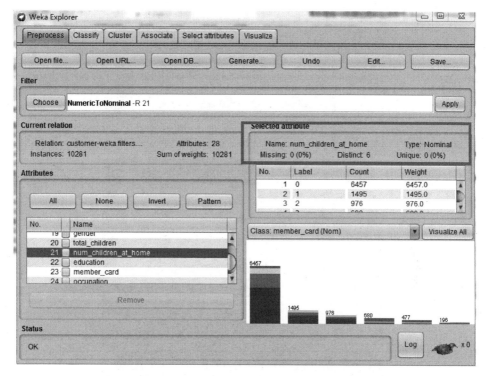

图 5-7　num_children_at_home 属性变换格式的结果

5) 数据离散化

本实验中，age 属性是数值型的，对 age 属性进行离散化处理。

在"Filter 树"中选择"weka.filters.unsupervised.attribute.Discretize"。现在"Choose"旁边的文本框应该显示"Discretize -B 10 -M -1.0 -R first-last"，点击这个文本框修改相关参数。将 attributeIndices 右边改成"27"，对应 age 属性。bins 是分箱的数量，计划把此属性分成 3 段，于是把"bins"改成"3"。其他框里不用更改，关于它们的意思可以点"More"查看(图 5-8)。

点"OK"回到"Explorer"的预处理页面，点击 Preprocess 面板的 Filter 栏右边的 Apply 按钮将之应用于数据集上(图 5-9)。

Weka 默认最后一个属性是类别属性，离散化的时候默认忽略类别属性，如果对类别属性进行离散化处理，必需修改相应参数，见图 5-10，将 ignoreClass 参数的值改为"True"即可。

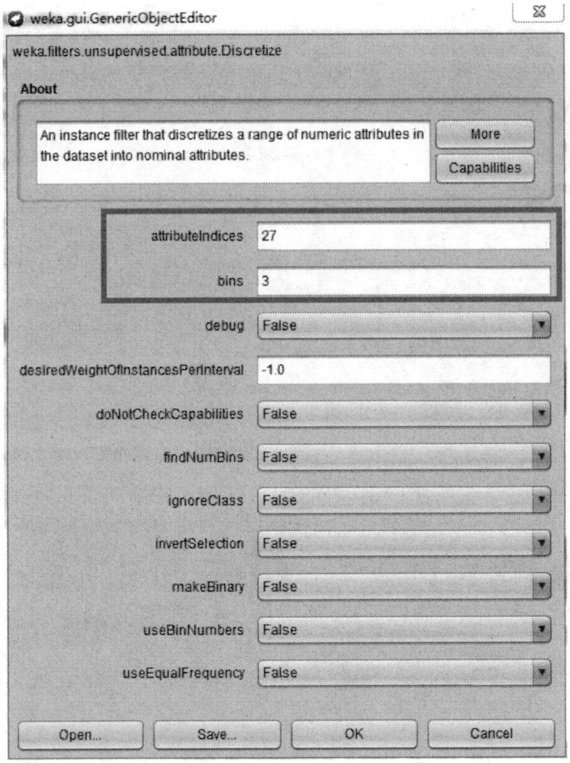

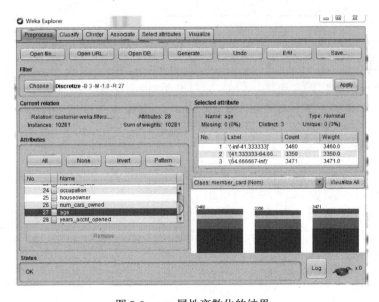

图 5-8　age 属性离散化的配置

图 5-9　age 属性离散化的结果

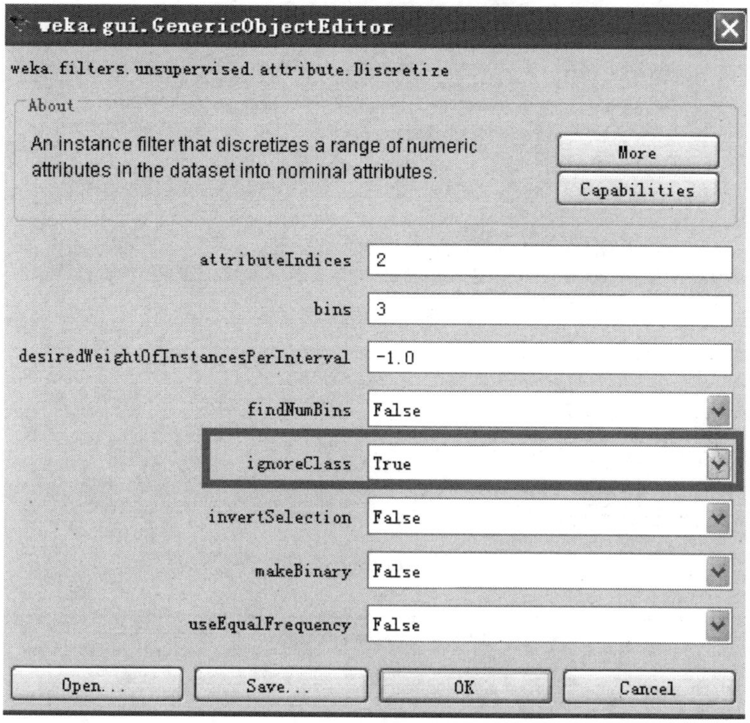

图 5-10　对类别属性的离散化

6) 将数值属性转换为布尔属性

total_children 属性是数值属性，NumericToBinary 用于将数值属性转换为布尔属性 (仅包含两个属性值)。若想将 total_children 属性转换为布尔属性，需要在"Filter 树"中选择"weka.filters.unsupervised.attribute. NumericToBinary"，在 GenericObjectEditor 对话框中，设置 attributeIndices 为 total_children 属性的序号(图 5-11)。

应用后，total_children 属性变为布尔属性 total_children_binarized，类型是 Nominal (名义型)。total_children 属性的值 0 对应布尔属性 total_children_binarized 的值 0，total_children 属性的所有非零值对应 total_children_binarized 属性的值 1(图 5-12)。

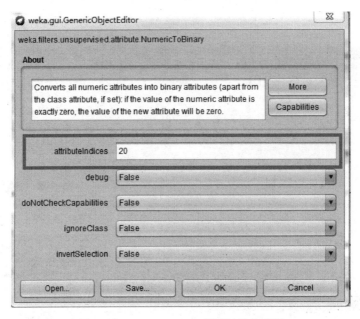

图 5-11 total_children 属性转换的配置

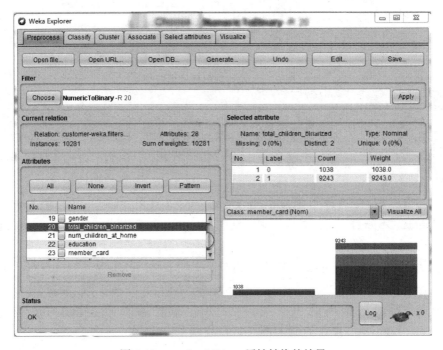

图 5-12 total_children 属性转换的结果

7) 筛选实例

用 choose-unsupervised-instance-removerange (无监督实例过滤器)，设置 instancesIndices 为"7001-last"，意思是去除从第 7001 个开始的实例，保留前 7000 个实例，见图 5-13。

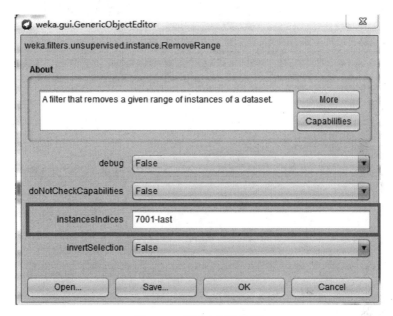

图 5-13　筛选实例的配置

Apply 后，当前关系的实例个数变成 7000(图 5-14)。

5.4.4　可视化

Weka 的可视化页面可以对当前的关系作二维散点图式的可视化浏览。选择了 Visualize 面板后，会为所有的属性给出一个散点图矩阵，它们会根据所选的 Class 属性来着色。在这里可以改变每个二维散点图的大小，改变各点的大小，以及随机地抖动 (jitter) 数据 (使得被隐藏的点显示出来)。也可以改变用来着色的属性，可以只选择一组属性的子集放在散点图矩阵中，还可以取出数据的一个子样本。注意这些改变只有在点击了 Update 按钮之后才会生效。

导入数据文件 DRUG1n.csv，然后选择 Visualize 面板，显示所有的属性的散点图矩阵(图 5-15)。

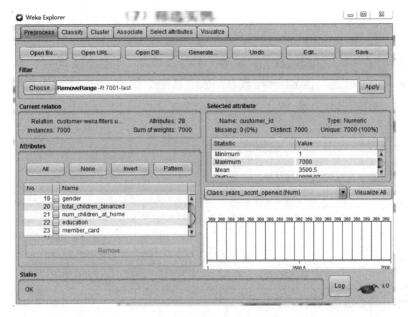

图 5-14　筛选实例的结果

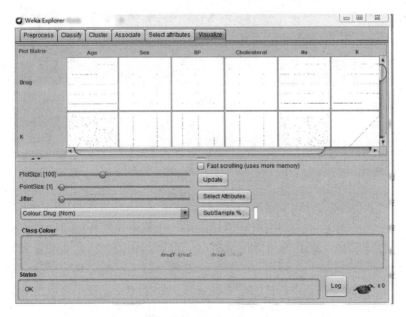

图 5-15　可视化页面

　　单击 Na 属性和 K 属性对应的元素，弹出反映 Na 属性和 K 属性关系的散点图。图中点根据所选的 Class 属性来着色(图 5-16)。

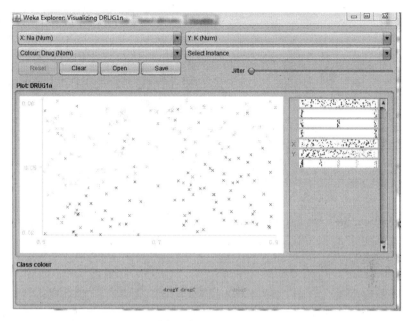

图 5-16　Na 属性和 K 属性的散点图

5.5　复习思考题

(1) Weka 软件中有几个应用？分别对应什么功能？

(2) 当 Explorer 首次启动时，哪个标签页是活动的？对数据的预处理操作在哪个标签页进行？

(3) Weka 软件支持的数据格式主要有哪些？如果现在有一个.tab 格式的数据文件，请问如何将其导入软件？

(4) 请使用一下 Weka 的其他预处理操作，比如将名义属性转换为布尔属性。

(5) Visualize 面板的作用是什么？

(6) 撰写符合实验内容要求的实验报告：①总结并描述出实验详细过程，将实验过程截图，提交实验的结果并解答复习思考题；②写明实验体会和实验中存在的问题及解决的办法。

第 6 章　Weka 软件使用高阶

6.1　实 验 目 的

(1) 学会并应用 Apriori 算法对数据集进行关联规则挖掘。

(2) 学会并应用决策树算法等对数据集进行分类分析。

(3) 学会并应用划分方法中 K 均值算法对数据集进行聚类分析。

6.2　背 景 知 识

6.2.1　兴趣度度量

Lift、Leverage 和 Conviction 是衡量关联规则的关联程度的兴趣度度量[11]。对于一条关联规则 $A \Rightarrow B$,

$$\text{Lift}(A \Rightarrow B) = \frac{P(A \cup B)}{P(A)P(B)} \tag{6-1}$$

Lift $(A \Rightarrow B)=1$ 时，表示 A 和 B 独立。Lift$(A \Rightarrow B) > 1$，表示 A 和 B 正相关，数值越大，相关性越大。Lift$(A \Rightarrow B) < 1$，表示 A 和 B 负相关。

$$\text{Leverage} : P(L,R) - P(L)P(R) \tag{6-2}$$

$$\text{Leverage}(A \Rightarrow B) = P(A \cup B) - P(A)P(B) \tag{6-3}$$

Leverage 和 Lift 的含义差不多。Leverage=0 时，L 和 R 独立，Leverage 越大，A 和 B 的关系越密切。

$$\text{Conviction}(A \Rightarrow B) = \frac{P(A)P(!B)}{P(A \cup !B)} \tag{6-4}$$

其中，$!B$ 表示 B 没有发生。Conviction 用来衡量 L 和 R 的独立性，数值越大，相关性越大。

6.2.2　Weka 软件的关联规则、分类和聚类标签页

1) 关联规则标签页

关联规则面板包含了学习关联规则的方案。图 6-1 中，区域 1 是关联规则学

习器的参数设置区域，左键点击区域 1 的文本框可以进行参数设置。为关联规则学习器设置好合适的参数后，点击 Start 按钮就开始挖掘。区域 2 是结果列表区域，右键点击结果列表中的条目可以查看或保存挖掘的结果。在多次挖掘之后，结果列表中也就包含了若干个条目。左键点击这些条目可以在生成的结果之间进行切换浏览。区域 3 是关联规则文本输出区域，挖掘出的关联规则在这里显示。

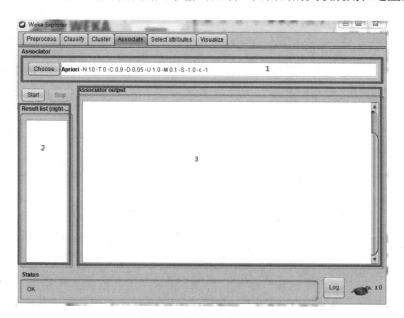

图 6-1　关联规则标签页

2) 分类标签页

Classify 面板包含了学习分类器的方案(图 6-2)。区域 1 是 Classifier 栏，其中，Choose 按钮用来选择 Weka 中可用的分类器。按钮右侧的文本框，给出了分类器的名称和它的选项。左键点击文本框会打开一个 GenericObjectEditor，可以像配置筛选器那样配置当前的分类器。右键 (或 Alt+Shift+左键) 点击也可以复制设置字符到剪贴板，或者在 GenericObjectEditor 中显示相关属性。

区域 2 用来设置测试选项，应用选定的分类器后得到的结果会根据 Test options 一栏中的选择来进行测试。共有四种测试模式：

(1) Use training set。根据分类器在用来训练的实例上的预测效果来评价它。

(2) Supplied test set。从文件载入的一组实例，根据分类器在这组实例上的预测效果来评价它。点击 Set...按钮将打开一个对话框来选择用来测试的文件。

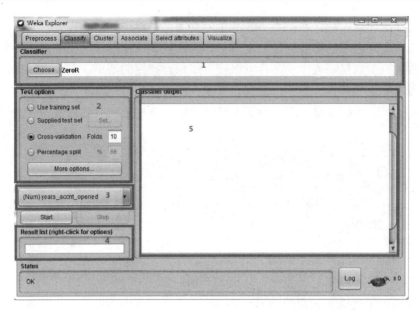

图 6-2　分类标签页

（3）Cross-validation。使用交叉验证来评价分类器，所用的折数填在 Folds 文本框中。

（4）Percentage split。从数据集中按一定百分比取出部分数据放在一边作测试用，根据分类器在这些实例上的预测效果来评价它。取出的数据量由% 一栏中的值决定。

注意：不管使用哪种测试方法，得到的模型总是从所有训练数据中构建的。点击 More options 按钮可以设置更多的测试选项。

区域 3 用来设置 Class 属性（即类标号属性，也就是预测的目标）。默认数据集中的最后一个属性被看作 Class 属性。如果想训练一个分类器，让它预测一个不同的属性，点击区域 3 的下拉列表以选择属性。

分类器、测试选项和 Class 属性都设置好后，点击 Start 按钮就可以开始学习过程。训练完成后，在区域 4 的 Result list 栏中会出现一个新的条目，区域 5 的 Classifier output 区域会被填充一些文本，描述训练和测试的结果。

3）聚类标签页

聚类标签页用于聚类数据对象(图 6-3)。点击区域 1 中的 Clusterer 栏中的 Choose 按钮用来选择 Weka 中可用的聚类算法，单击右边的文本框将弹出 GenericObjectEditor 对话框。

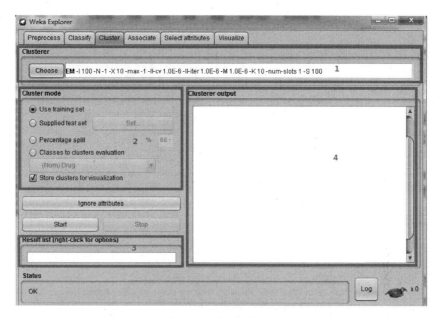

图 6-3　聚类标签页

区域 2 中的 Cluster mode 一栏用来决定依据什么来聚类以及如何评价聚类的结果。前三个选项和分类的情形是一样的：Use training set、Supplied test set 和 Percentage split——区别在于现在的数据是要聚集到某个类中，而不是预测为某个指定的类别。第四个模式，Classes to clusters evaluation，是要比较所得到的聚类与在数据中预先给出的类别吻合得怎样。和 Classify 面板一样，下方的下拉框是用来选择作为类别的属性的。

在 Cluster mode 之外，有一个 Store clusters for visualization 的勾选框，该框决定了在训练完算法后可否对数据进行可视化。

点击 Ignore attributes 可以弹出一个小窗口，选择哪些是需要忽略的属性。点击窗口中单个属性将使它高亮显示，按住 Shift 键可以连续地选择一串属性，按住 Ctrl 键可以决定各个属性被选与否。点击 Cancel 按钮取消所作的选择。点击 Select 按钮决定接受所作的选择。下一次聚类算法运行时，被选的属性将被忽略。

配置之后，单击 Start 按钮开始聚类。区域 3 和区域 4 分别是一个结果列表和结果文本的区域，用法都和分类时的一样。

6.3　实 验 内 容

(1) 对数据文件 BASKETS1n.csv 进行分析，找出商品之间的关联。

BASKETS1n.csv 文件的描述参见第 2 章。

(2) 分析 customer.arff 文件，构建分类器。customer.arff 文件的描述参见第 4 章。

(3) 使用数据文件 DRUG1n.csv 中除了 Drug 之外的属性进行病人聚类。DRUG1n.csv 文件的描述参见第 1 章。

6.4 实 验 步 骤

6.4.1 关联规则挖掘

1) 导入数据文件

在预处理页面中点击 Open file...按钮，在打开的对话框中设置文件类型为.csv 类型，找到数据文件 BASKETS1n.csv(图 6-4)。

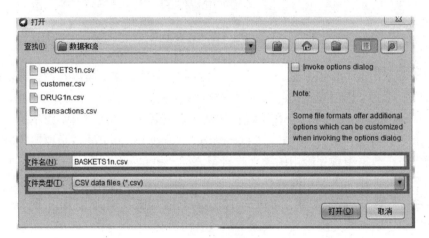

图 6-4 导入数据

2) 属性删除

在预处理页面的属性栏中，勾选除了商品之外的其他属性的选择框，并点击 Removc 按钮，删除这些属性(图 6-5)。

3) 设置参数

切换到"Associate"选项卡，点"Choose"右边的文本框修改默认的参数，弹出的窗口中点"More"可以看到各参数的说明。其中，主要的参数设置有：

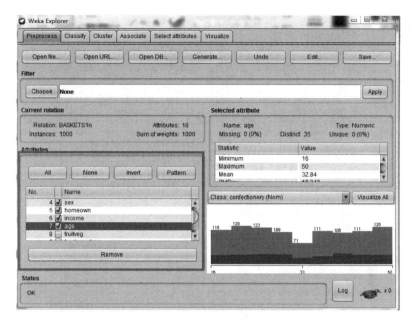

图 6-5　属性删除

"lowerBoundMinSupport"是最小支持度阈值；"metricType"是设置除了支持度之外的另一个兴趣度度量类型，有四种兴趣度度量，分别是 Confidence (置信度)、Lift、Leverage 和 Conviction；"minMetric"是对应上述兴趣度度量的最小阈值；"numRules"设置找到的规则的数量。如图 6-6 所示的设置的含义是，将找出支持度大于等于 0.1 并且置信度大于等于 0.9 的 10 条规则。

4) 结果显示

设置好合适的参数后，点击 Start 按钮就开始挖掘，挖掘结果见图6-7。

6.4.2 分类

1) 导入数据文件

在预处理页面中点击 Open file...按钮，找到数据文件 customer.arff。

2) 设置 Class 属性和分类器参数

切换到"Classify"选项卡，在测试选项下方的下拉列表中选择 member_card 属性作为 Class 属性，即预测的目标属性。

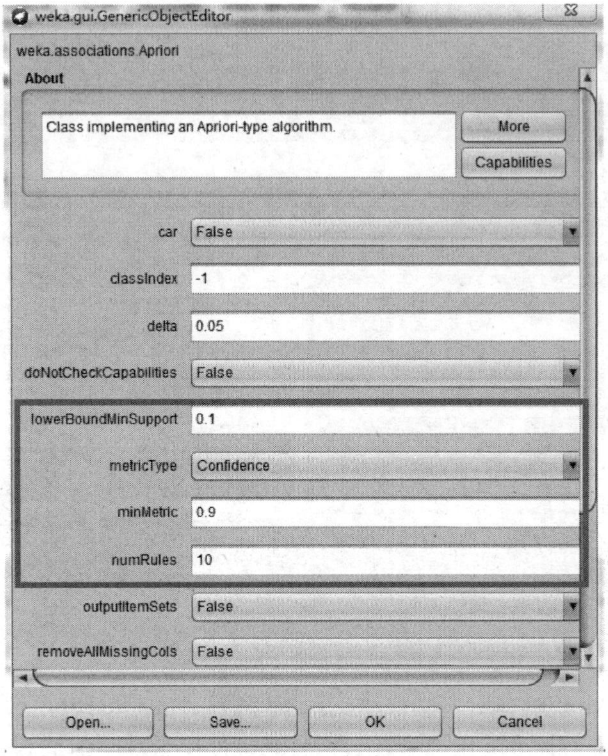

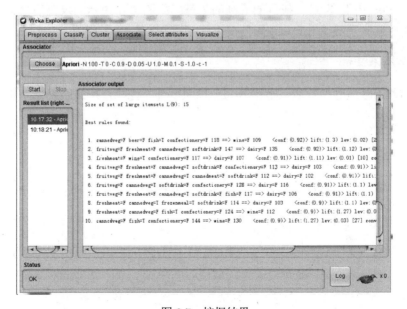

图 6-6 关联规则学习器的参数设置

图 6-7 挖掘结果

单击"Choose"按钮后可以看到很多分类或者回归的算法分门别类地列在一个树型框里,其中灰色的算法不可用。选择"trees"下的"J48"算法,这就是C4.5 算法(图 6-8)。

单击"Choose"右边的文本框,弹出新窗口为"J48"算法设置各种参数。窗口中单击"More"可以看到各参数的说明,单击"Capabilities"查看算法适用范围。这里把参数保持默认。

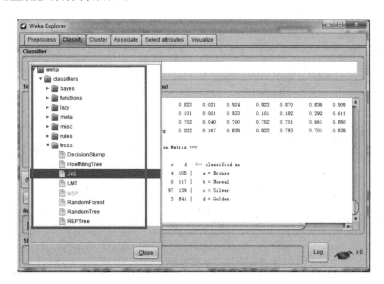

图 6-8   选择分类算法

3) 设置测试选项

实验中没有专门设置检验数据集,为了保证生成的模型的准确性而不至于出现过拟合 (overfitting) 的现象,设置测试模式为 10 折交叉验证 (10-fold cross validation),使用交叉验证来评价分类器(图 6-9)。

4) 结果显示

分类器、测试选项和 Class 属性都设置好后,点击 Start 按钮开始学习过程。Classifier output 区域的文本有一个滚动条以便浏览结果(图 6-10)。输出结果可分为几个部分:

(1) Run information。给出了学习算法各选项的一个列表。包括学习过程中涉及的关系名称、属性、实例和测试模式。

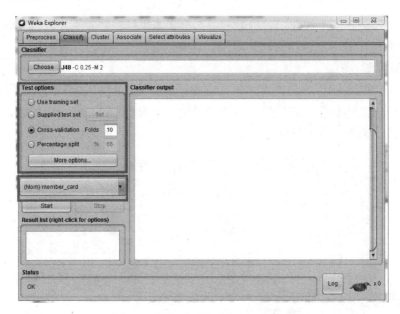

图 6-9　设置测试选项和 Class 属性

（2）Classifier model (full training set)。用文本表示的基于整个训练集的分类模型。

（3）Summary。一列统计量，描述了在指定测试模式下，分类器预测 Class 属性的准确程度。

（4）Detailed Accuracy By Class。更详细地给出了关于每一类的预测准确度的描述。

（5）Confusion Matrix。给出了预测结果中每个类的实例数。其中矩阵的行是实际的类，矩阵的列是预测得到的类，矩阵元素就是相应测试样本的个数。

实验中得到的 Confusion Matrix 如下，这个矩阵说明，原本 member_card 为 Bronze 的实例中，有 5522 个被正确预测为 Bronze，有 72 个被预测为 Normal，有 4 个被预测为 Silver，有 105 个被预测为 Golden。这个矩阵对角线上的数字越大，说明预测得越好。

```
=== Confusion Matrix ===
   a     b    c    d    <-- classified as
5522    72    4  105 |   a = Bronze
 311  1992    0  117 |   b = Normal
 674    50   97  139 |   c = Silver
 311    43    3  841 |   d = Golden
```

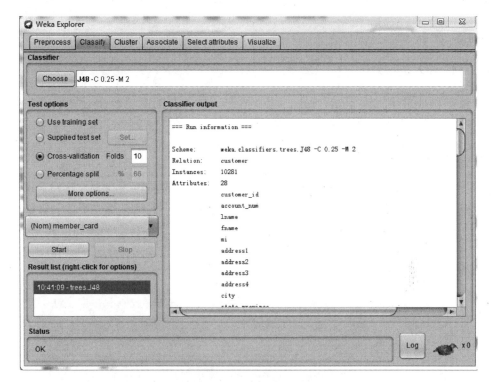

图 6-10　分类器输出文本

同时左下的"Result list"出现了一个项目显示刚才的时间和算法名称。右键点击"Result list"中的项目，弹出菜单中选择"Visualize tree"，新窗口里可以看到图形模式的决策树。把这个新窗口最大化，然后点右键，选"Fit to screen"，可以把这个树看清楚些(图 6-11)。

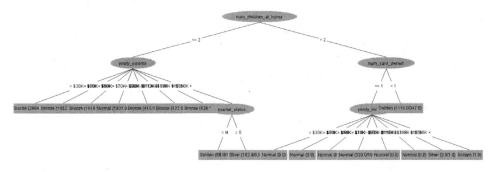

图 6-11　决策树

6.4.3 聚类

1) 导入数据文件

在预处理页面中点击 Open file...按钮，在打开的对话框中设置文件类型为.csv 类型，找到数据文件 DRUG1n.csv。

2) 选择聚类算法

切换到"Cluster"选项卡，单击 Clusterer 一栏中的"Choose"按钮，选择"SimpleKMeans"，这是 Weka 中实现 K 均值的算法。K 均值算法只能处理数值型的属性，遇到分类型的属性时要把它变为若干个取值 0 和 1 的属性。Weka 将自动实施这个分类型到数值型的变换，而且 Weka 会自动对数值型的数据作标准化(图 6-12)。

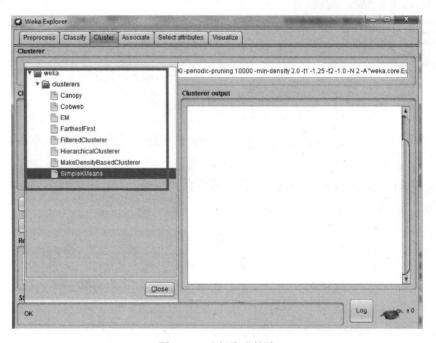

图 6-12 选择聚类算法

修改"numClusters"为 5，将把这些实例聚成 5 类，即 K=5。下面的"seed"参数是要设置一个随机种子，依此产生一个随机数，用来得到 K 均值算法中第一次给出的 K 个簇中心的位置(图 6-13)。

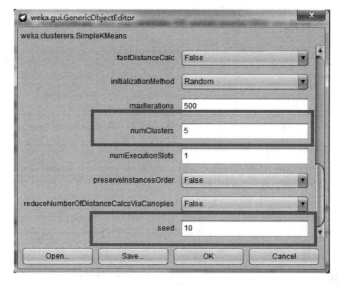

图 6-13　设置聚类算法参数

3) 设置聚类模式

选中"Cluster mode"的"Classes to clusters evaluation"，在下方的下拉框中选择 Drug 属性作为类别属性，比较所得到的聚类与在数据中预先给出的类别吻合得怎样。单击 Ignore attributes 按钮，在弹出的窗口选择 Drug 属性作为聚类时需要忽略的属性(图 6-14)。

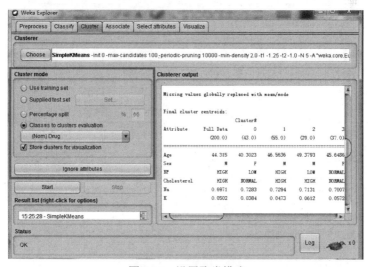

图 6-14　设置聚类模式

4) 分析聚类结果

点击"Start"按钮，观察右边"Clusterer output"给出的聚类结果。也可以在左下角"Result list"中产生的结果上点右键，"View in separate window"在新窗口中浏览结果。

聚类结果文本中有这么一行：Within cluster sum of squared errors: 172.7013479844541。这是评价聚类好坏的标准，数值越小说明同一簇实例之间的距离越小。也许你得到的数值会不一样；实际上如果把"seed"参数改一下，得到的这个数值就可能会不一样。

"Final cluster centroid"之后列出了各个簇中心的位置。对于数值型的属性，簇中心就是它的均值（mean）；分类型的就是它的众数（mode），也就是说这个属性上取值为众数值的实例最多。"Clustered Instances"是各个簇中实例的数目及百分比。"Classes to Clusters:"之后列出了所得到的聚类与在数据中预先给出的类别吻合的结果。

为了观察可视化的聚类结果，我们在左下方"Result list"列出的结果上右击，点"Visualize cluster assignments"。弹出的窗口给出了各实例的散点图。最上方的两个框是选择横坐标和纵坐标，第二行的"Colour"是散点图着色的依据，默认是根据不同的簇"Cluster"给实例标上不同的颜色(图 6-15)。

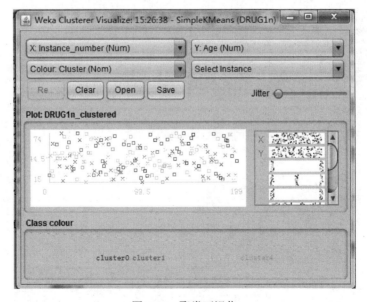

图 6-15　聚类可视化

6.5　复习思考题

(1) 如何使用 Weka 挖掘关联规则？修改 Apriori 算法的参数，得到的结果有什么不同？修改兴趣度度量，得到的结果有什么不同？

(2) 使用 Weka 构建分类器需要哪些设置？请选择不同的分类算法训练实验中的数据集，比较得到的结果。

(3) Weka 中进行聚类分析时需要设置类别属性吗？如果设置分类属性和不设置分类属性，聚类结果又有什么不同？

(4) 请选择不同的聚类算法对实验中的数据集进行聚类，比较得到的聚类结果。

(5) 撰写符合实验内容要求的实验报告：①总结并描述出实验详细过程，将实验过程截图，提交实验的结果并解答复习思考题；②写明实验体会和实验中存在的问题及解决的办法。

第 7 章　RapidMiner 软件使用基础

7.1　实　验　目　的

(1) 熟悉 RapidMiner 软件的使用环境，了解 RapidMiner 的主界面。

(2) 初步掌握使用 RapidMiner 软件导入数据。

7.2　背　景　知　识

1) RapidMiner

RapidMiner 原名 Yale，它是用于数据挖掘、机器学习、商业预测分析的开源计算环境。RapidMiner 提供的数据挖掘和机器学习程序包括：数据加载和转换 (ETL)，数据预处理和可视化，建模，评估和部署[13,14]。数据挖掘的流程是以 XML 文件加以描述，并通过一个图形用户界面显示出来。RapidMiner 是由 Java 编程语言编写的，其中还集成了 Weka 的学习器和评估方法，并可以与 R 语言进行协同工作。RapidMiner 软件和相关资料可在其官方网站*下载。

RapidMiner 作为行业领先的预测性分析平台，凭借其简单易用的界面，从建模到部署大大地提高了生产率，且容易扩展等特性在 2017 年连续第四年被 Gartner 评为数据科学平台的领导者。

2) 算子

RapidMiner 中的功能均是通过连接各类算子 (operator) 形成流程 (process) 来实现的，整个流程可以看做是工厂车间的生产线，输入原始数据，输出模型结果[15]。算子可以看做执行某种具体功能的函数，不同算子有不同的输入输出特性。大体上有这样几类算子：

(1) 流程控制类，是为了实现循环和条件功能。

(2) 数据输入和输出类，是为了实现数据交换。

(3) 数据转换类，包括各种数据抽取、清洗整理功能。

(4) 建模类，包括分类回归建模、关联分析、聚类分析、集成学习等功能。

---

* https://rapidminer.com/

(5) 评估类，包括多重交叉检验、自助法检验等功能。

7.3　实　验　内　容

(1) 初步认识 RapidMiner 软件，熟悉 RapidMiner 软件的界面。
(2) 使用 RapidMiner 软件导入数据文件。

7.4　实　验　步　骤

7.4.1　RapidMiner 软件的界面

依次单击开始→所有程序→RapidMiner Studio，启动程序，显示 RapidMiner 欢迎界面(图 7-1)。欢迎界面上有三个按钮：

LEARN：通过示例和网上资源学习 RapidMiner 软件。

NEW PROCESS：新建一个流程。

OPEN PROCESS：打开一个现有流程。

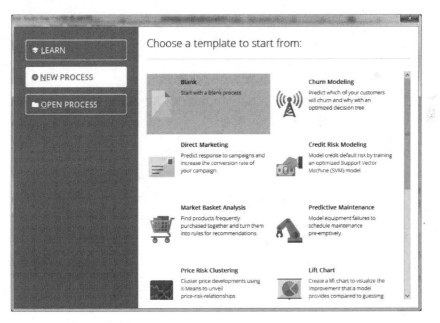

图 7-1　欢迎界面

如果新建一个空白流程，将进入如图 7-2 所示 RapidMiner 主界面。区域 1 是资源库面板，资源库是用户的所有资料存放地。库中主要存放两种资料：一种

是建模需要的数据 (Data)，另一种是建模的流程 (Processes)。区域 2 是算子面板，在此选择合适的算子加入流程执行某种具体功能。区域 3 是流程设计区，此区域是 RapidMiner 主界面的最大区域，也是构建和操作流程的区域。区域 4 包含两个按钮，Design 和 Results，点击按钮可以在设计视图和结果视图之间切换。区域 5 是参数面板，可以在此设置参数。区域 6 是帮助区域。

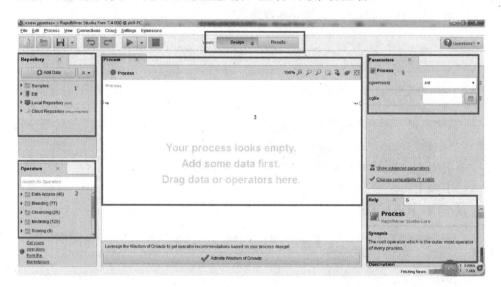

图 7-2　主界面

7.4.2　从基于文件的数据源中导入数据

RapidMiner 获取外部数据源的方法主要有两种：

(1) 将外部非数据库存储的数据导入 RapidMiner 的资源库中。

(2) 将数据库中存储的数据导入 RapidMiner 资源库中或者不进行导入操作，连接数据库，分析流程开始时直接从数据库进行读取，分析流程结束后再将分析结果写入数据库中。

第一种数据导入方式可以直接从 File 菜单选择 Add Data 或者从资源库中点击 Add Data 按钮，选择 My Computer 按钮，然后根据指导步骤进行。导入后以 data 形式存在资源库中，可随时拖拽到流程设计区中调用(图 7-3~图 7-8)。

数据导入后，可以运行流程查看数据。可以用多种视图观察数据，默认是数据视图(图 7-9)。数据视图将显示所有的属性和记录，统计视图是对各个属性的统计描述(图 7-10)。

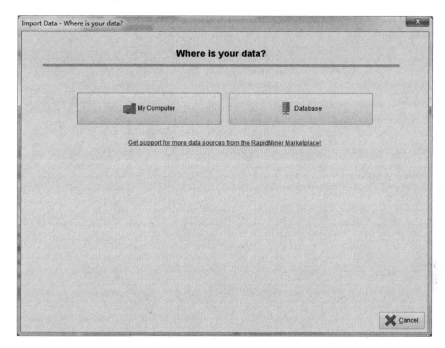

图 7-3　导入数据 1

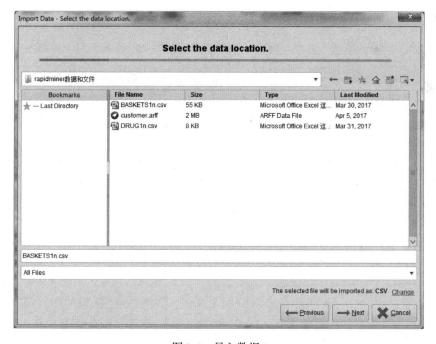

图 7-4　导入数据 2

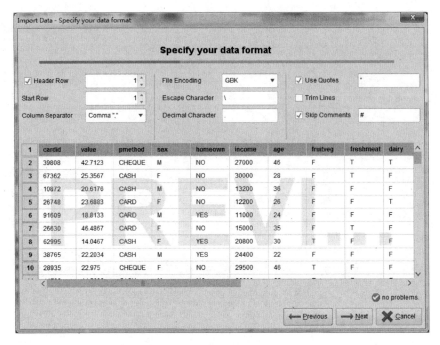

图 7-5　导入数据 3

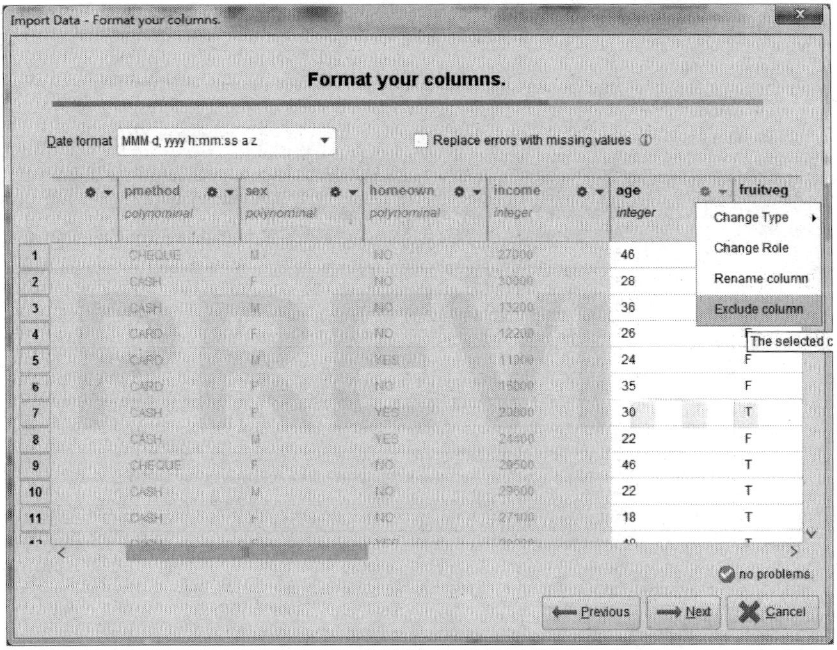

图 7-6　导入数据 4

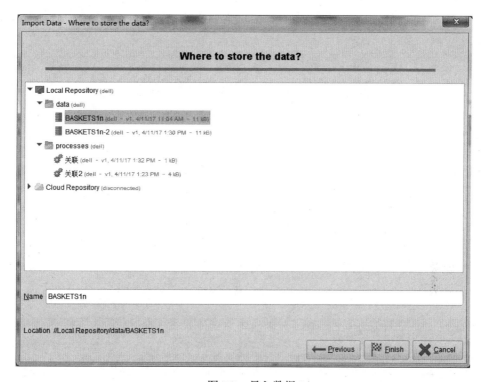

图 7-7　导入数据 5

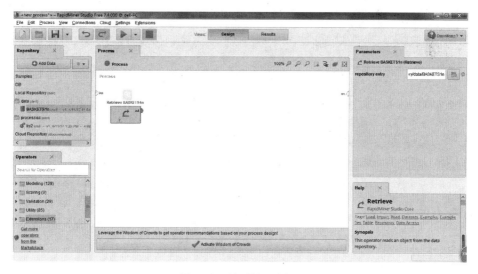

图 7-8　添加数据到流程

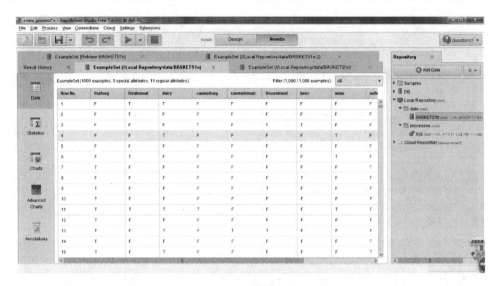

图 7-9　数据视图

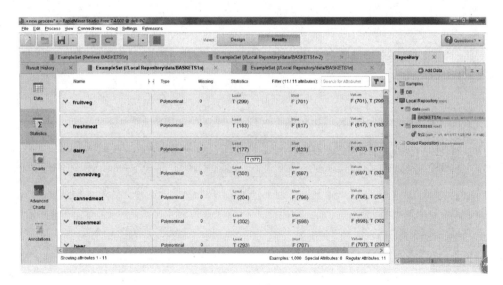

图 7-10　统计视图

7.5　复习思考题

(1) 算子是什么？RapidMiner 中包含几种算子？

(2) RapidMiner 中的功能是如何实现的？如何在 RapidMiner 中建立流程？

(3) RapidMiner 导入数据有几种方式？

(4) 撰写符合实验内容要求的实验报告：①总结并描述出实验详细过程，将实验过程截图，提交实验的结果并解答复习思考题；②写明实验体会和实验中存在的问题及解决的办法。

第 8 章　RapidMiner 软件使用高阶

8.1　实　验　目　的

(1) 学会并应用 Apriori 算法对数据集进行关联规则挖掘。

(2) 学会并应用决策树算法等对数据集进行分类分析。

(3) 学会并应用划分方法中 K 均值算法对数据集进行聚类分析。

8.2　背　景　知　识

1) FP-Growth 算子

FP-Growth 算子使用 FP-tree 数据结构从给定数据集中有效地计算出所有频繁项集。Apriori 算法在产生频繁模式完全集前需要对数据库进行多次扫描，同时产生大量的候选频繁集，这就使 Apriori 算法时间和空间复杂度较大。FP-Growth 设计了一种挖掘全部频繁项集而不产生候选的方法。它采取如下分治策略：将提供频繁项集的数据库压缩到一棵频繁模式树 (FP-tree)，但仍保留项集关联信息；然后，将这种压缩后的数据库分成一组条件数据库，每个关联一个频繁项，并分别挖掘每个数据库。

2) K-Means (Kernel) 算子

K-Means (Kernel) 算子执行 Kernel K-Means 聚类算法。传统 K-Means 采用欧几里得距离进行样本间的相似度度量，显然并不是所有的数据集都适用于这种度量方式。Kernel K-Means 参照支持向量机中核函数的思想，将所有样本映射到另外一个特征空间中再进行聚类。

8.3　实　验　内　容

(1) 对数据文件 BASKETS1n.csv 进行分析，找出商品之间的关联。BASKETS1n.csv 文件的描述参见第 2 章。

(2) 分析 customer.csv 文件，构建分类器。customer.csv 文件的描述参见第 4 章。

(3) 使用数据文件 DRUG1n.csv 中除了 Drug 之外的属性进行病人聚类。DRUG1n.csv 文件的描述参见第 1 章。

8.4　实验步骤

8.4.1　关联规则挖掘

1) 导入数据

数据文件 BASKETS1n 中包含购物篮摘要、购物篮内容和购买者的相关个人数据等内容 (具体的描述参考第 2 章)，本实验挖掘购物篮内容，找出商品之间的关联。首先点击 Repository 中的 Add Data 按钮，将文件 BASKETS1n.csv 导入本地资源库，然后将数据拖动到流程设计区(图 8-1)。由于本实验只需要分析购物篮内容，因此，在导入数据的过程中将除了购物篮内容之外的其他属性去除。

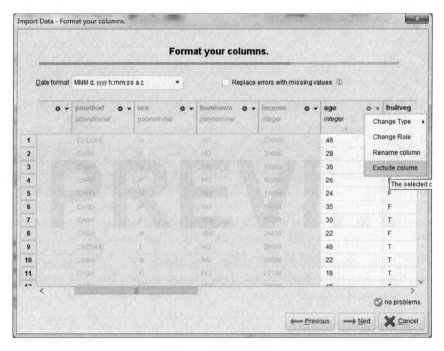

图 8-1　分类数据导入

2) 二值化处理

数据文件 BASKETS1n 中购物篮内容属性的值 "T" "F" 分别表示购买和不

购买，但是 RapidMiner 软件本身不能识别"T"就是表示购买，而"F"表示不购买的意思。如果直接用 FP-Growth 算子对 BASKETS1n 文件挖掘，RapidMiner 不能得到正确的购买商品的频繁集，而是相反的频繁集，也就是不购买商品的频繁集[16]。

　　因此在真正进行 FP-Growth 树构建之前要进行一步数据预处理，即进行二值化处理，告诉软件 T 表示 true，F 表示 false。在算子面板找到 Nominal to Binomial 算子，拖动到流程设计区，和数据连接起来，并把 Nominal to Binomial 算子的输出端和流程的输出端连接。设置 attribute filter type 为 all，表明对所有的属性进行处理，并勾选 transform binominal 前面的复选框(图 8-2)。

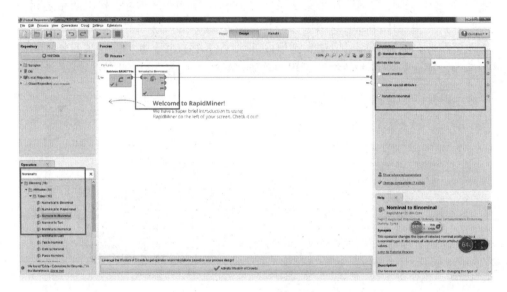

图 8-2　二值化处理

　　经 Nominal to Binomial 算子处理之后，对之前的每个属性都生成了两个属性，如 dairy 属性变成了两个属性 dairy=T 和 dairy=F，生成后的属性均是 Binomial 类型的(图 8-3)。

3) 属性约简

　　在现有的 22 个属性中，属性名称中包含"=F"的属性反映的是不购买商品，是不需要的属性。因此，仅保留属性名称中包含"=T"的属性。在算子面板找到 Select Attributes 算子，将其加入流程，放到 Nominal to Binomial 算子之后。设置 attribute filter type 为 regular_expression，表明使用正则表达式来过滤属性。

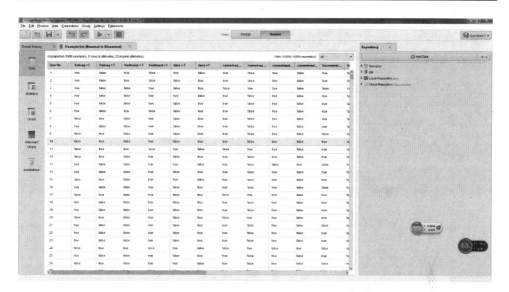

图 8-3　二值化结果

点击 regular expression 最右侧的按钮，打开正则表达式编辑器，设置正则表达式为.*T，设置后显示所有匹配的项目。这样设置的含义就是使用正则表达式选择属性名称中包含 T 的属性(图 8-4，图 8-5)。

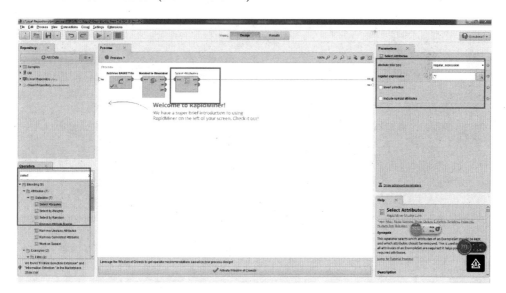

图 8-4　属性约简

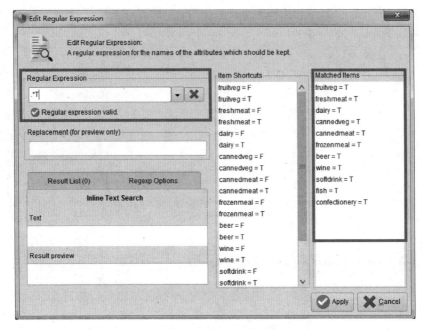

图 8-5　编辑正则表达式

约简之后得到的结果如图 8-6 所示。

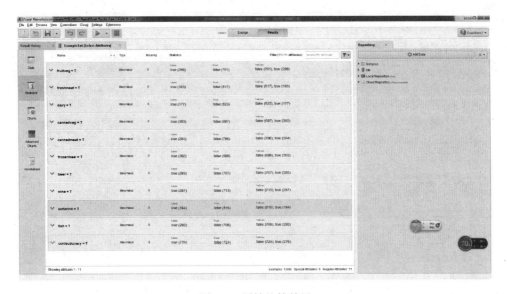

图 8-6　属性约简结果

4) 频繁项集

在算子面板找到 FP-Growth 算子，放到 Select Attributes 算子之后，并且将 FP-Growth 算子的频繁项集输出和流程的输出端连接。设置 min support 参数即最小支持度为 0.1(图 8-7)，得到的频繁项集见图 8-8。

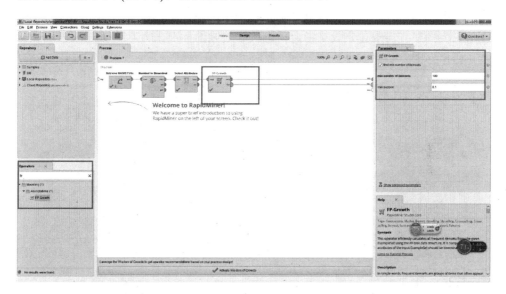

图 8-7　产生频繁项集

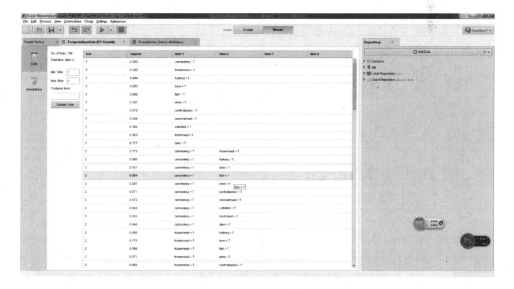

图 8-8　频繁项集结果

5) 生成关联规则

在算子面板找到 Create Association Rules 算子，放到 FP-Growth 算子之后。将 FP-Growth 算子的频繁项集输出和 Create Association Rules 算子的输入连接，Create Association Rules 算子的频繁项集输出和流程的输出端连接，Create Association Rules 算子的关联规则输出和流程的输出端连接。Create Association Rules 算子的 criterion 参数是指定挑选关联规则的标准，默认是 confidence (置信度)(图 8-9~图 8-11)。

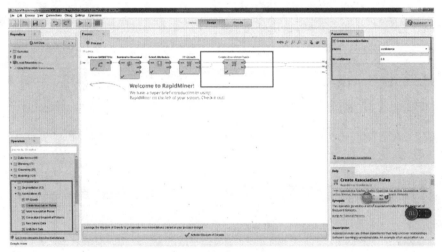

图 8-9　生成关联规则

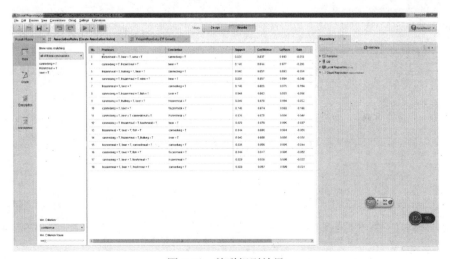

图 8-10　关联规则结果

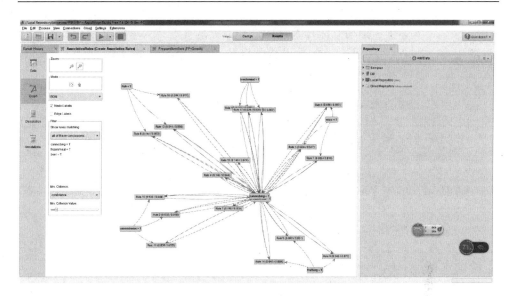

图 8-11　关联规则图表

8.4.2　分类分析

1) 导入数据

文件 customer.csv 是一个描述客户特征的数据文件，包括客户姓名、地址、出生日期、年收入、婚姻状况等属性，以及一个描述客户类别的属性"member_card"，具体描述参见第 4 章，作为测试数据集来构建分类器。customer_new.tab 描述新客户的特征，其中，客户类别的属性"member_card"的值未知，需要根据构建的分类器来预测。

点击 Repository 中的 Add Data 按钮，将文件 customer.csv 和 customer_new.tab 导入本地资源库，然后将数据拖动到流程设计区。由于数据文件 customer.csv 中有包含字符"#"的记录，因此在指定数据格式时，取消"Skip Comments"前面的复选框，否则，将不能读入包含字符"#"的记录。customer_new.tab 导入过程中选择默认设置，根据数据导入向导一步一步进行（图 8-12）。

2) 改变 customer_id 属性的角色

在文件 customer.csv 和 customer_new.tab 中，customer_id 属性是客户 ID 属性，仅仅用于对客户进行唯一标识，在分类器的构建过程中不参与建模。对于类似 customer_id 这样的属性，RapidMiner 中将其角色设置为 id。在算子面板找到 Set Role 算子，拖动到流程设计区，和数据连接起来，并将其输出和流程输出端连接，形成一个流程。在参数设置区将 attribute name 设置为 customer_id，target role 设置为 id(图 8-13)。

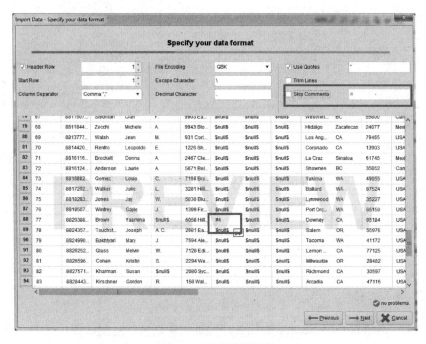

图 8-12　分类数据导入

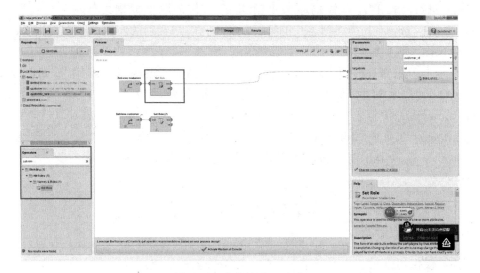

图 8-13　分类设置 id 角色

3) 更改类标号属性的角色

文件 customer.csv 中，属性 member_card 描述客户的类别，是类标号属性，是预测的目标属性。在分类模型的构建过程中，RapidMiner 将类标号属性的角色设置为 label。在算子面板找到 Set Role 算子，拖动到流程设计区，加入流程中。在参数设置区将 attribute name 设置为 member_card，target role 设置为 label (图 8-14)。

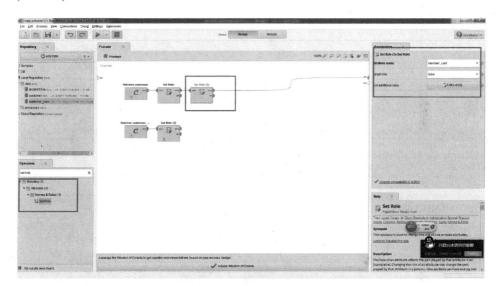

图 8-14　分类设置 label 角色

4) 加入决策树算子

在算子面板找到 Decision Tree 算子，拖动到流程设计区，加入到流程中(图 8-15)。算子的主要参数有：

criterion: 为选择的属性和数值分裂指定使用的标准，默认是 gain_radio (增益率)。

maximal depth: 树的最大深度 (-1：无边界)。

apply pruning: 默认情况下，修剪决策树。这个参数设置为假，则禁用修剪并交付一个未修剪的树。

confidence: 用于修剪的封闭式错误计算的置信度等级。

apply prepruning：默认情况下，预修剪决策树。这个参数设置为假，则禁用预修剪。

minimal gain: 为了产生一个分裂必须达到的最小增益。

minimal leaf size: 树叶的最小尺寸。

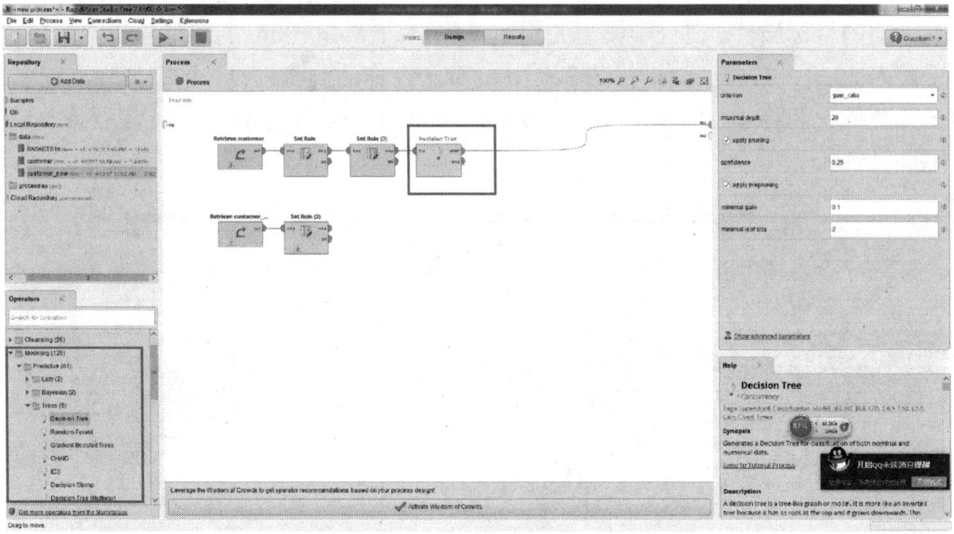

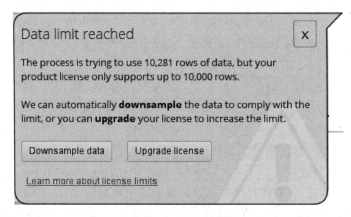

图 8-15　决策树算子

5) 执行流程

文件 customer.csv 中有 10 000 多条记录，而 RapidMiner 的免费版本只支持 10 000 条记录，因此选择 Downsample data 减少样本数量，这样得到的分类模型 的准确率有可能有所降低(图 8-16)。

图 8-16　数据限制提示

执行流程，得到如图 8-17 所示的决策树。其中，灰色圆角矩形是分裂属性，灰色直角矩形是叶节点，表明客户类别。将鼠标停留在叶节点上，会出现一个悬停框，描述叶节点的详细信息，如节点的记录总数，每个类别的记录数，并选择概率最大的类别作为叶节点的类别(图 8-18)。

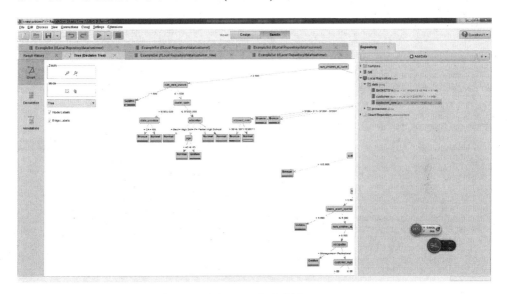

图 8-17　分类结果

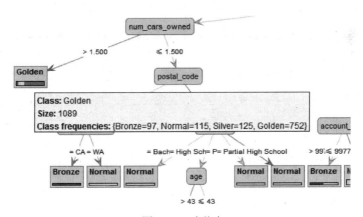

图 8-18　叶节点

6) 模型应用

customer_new.tab 中"member_card"的值未知，用上一步得到的决策树模型预测"member_card"的值。在算子面板找到 Apply Model 算子，拖动到流程设计区，加入流程中。将测试数据集的输出端和 Apply Model 算子的数据输入端连接，将 Apply Model 算子的输出结果放到流程的输出端(图 8-19)。

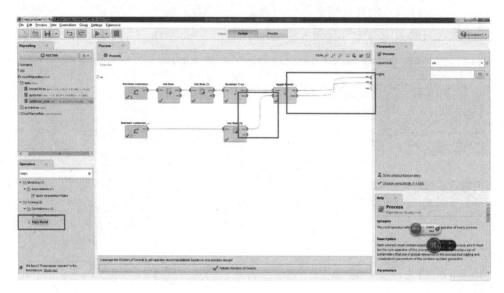

图 8-19　模型应用

执行流程，生成了 5 个新属性。其中，prediction (member_card) 是预测的类别属性，其余 4 个属性分别是 4 种类别的概率(图 8-20)。

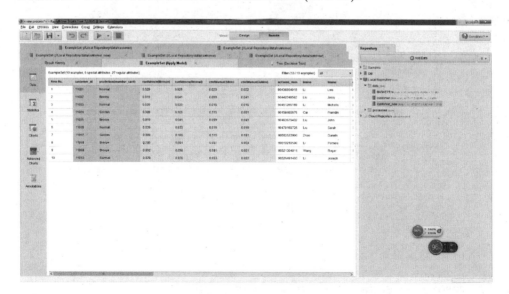

图 8-20　分类预测结果

8.4.3　聚类分析

1) 导入数据

点击 Repository 中的 Add Data 按钮，将文件 DRUG1n.csv 导入本地资源库，然后将数据拖动到流程设计区。由于本实验需要使用除了 Drug 之外的属性进行聚类，因此，在导入数据的过程中将 Drug 属性去除(图 8-21)。

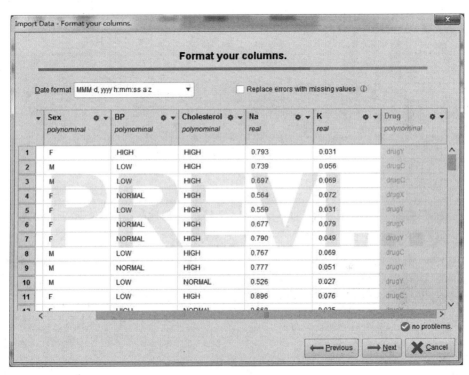

图 8-21　聚类数据导入

2) 加入 K-Means (Kernel) 算子

在算子面板找到 K-Means (Kernel) 算子，拖动到流程设计区，加入到流程中。RapidMiner 的 K-Means 算子只能对数值属性聚类，而 DRUG1n 包含性别等非数值属性，因此不能使用 K-Means 算子聚类。设置参数 K 为 5，这样运行之后将会生成 5 个簇(图 8-22)。

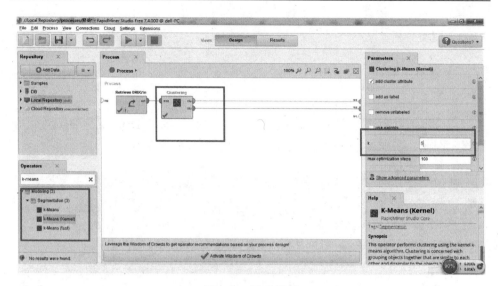

图 8-22　聚类设置

3) 聚类结果

执行流程,生成 5 个簇,并且生成一个新的属性 cluster(图 8-23,图 8-24)。

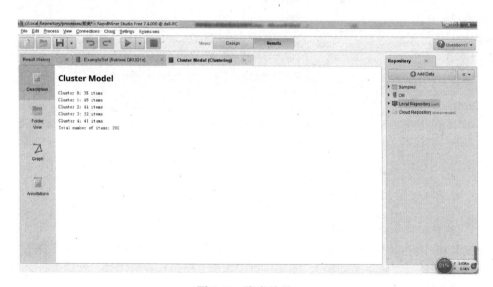

图 8-23　聚类结果 1

图 8-24　聚类结果 2

8.5　复习思考题

(1) Create Association Rules 算子的 criterion 参数用来设置什么？修改 criterion，得到的关联规则有什么不同？

(2) Decision Tree 算子的参数 criterion 用来设置什么？修改 criterion，得到的决策树有什么不同？

(3) 请使用其他分类算子，如神经网络算子、朴素贝叶斯算子构建分类器，并比较分类结果。

(4) 如果修改 K-Means (Kernel) 算子的参数 K，聚类结果会有什么不同？

(5) 撰写符合实验内容要求的实验报告：①总结并描述出实验详细过程，将实验过程截图，提交实验的结果并解答复习思考题；②写明实验体会和实验中存在的问题及解决的办法。

第三部分

社会网络分析与可视化软件使用篇

第9章 科研合作网络特征的社会网络分析

9.1 实 验 目 的

社会网络分析自20世纪70年代发展以来,已经是渗透于自然科学和社会科学的研究方法。社会网络分析法采取定量方式来测度主体间的关系,提供了多种网络分析指标,通过具体的指标揭示网络特征以及成员间的联系,包括:中心度、小团体研究、凝聚子群等,识别核心社员、小团体或派系、信息传播的渠道和距离等[17]。

(1) 理解社会网络的基本概念及分析方法。

(2) 熟练使用文献计量软件 BICOMB 统计高产作者,并构建作者合作网络矩阵。

(3) 了解 UCINET 软件的基本操作和应用环境,掌握使用 UCINET 软件进行文献信息可视化分析、使用 NetDraw 绘制知识图谱的基本流程。

9.2 背 景 知 识

9.2.1 社会网络基础

1) 基本概念

社会网络包括节点、边和网络这三个基本要素,其中节点指组成网络的个体,边代表个体之间的连接关系,网络是节点和边的集合。通常用关系矩阵来表示含较多节点的社会网络。引用网络、共现网络都是社会网络,其中引用矩阵中的数据表示主体引用的频次,共现矩阵中的数据指代主体共同出现的频次。

2) 网络密度分析

网络密度是指网络节点实际存在的关系数目与它们之间可能存在的最大关系数目的比值,其能评价节点间关系的紧密情况。在有向网络中,假设其拥有 n 个成员,则在理论上其拥有的最大关系数目为 $n(n-1)$,网络关系数目实际为 m,密度则为 $m/(n(n-1))$;在无向网络中,理论上其包含的网络关系最大值为 $n(n-1)/2$,

假设该网络实际关系数目是 m，则网络密度是 $2m/(n(n-1))$。网络密度的取值为 0~1，该值越大，代表节点间的联系越紧密，网络中的知识、信息交流越充分。

3) 中心性分析

在社会网络中，"中心性"表示节点的"地位"及影响力，它对探究信息在网络中如何传播、传播效果有重要作用。中心性可以用点度中心性、中介中心性、接近中心性这三个指标来衡量。

点度中心性，指与节点直接连接的关系数量。在有向图中，点度中心性分为：入度中心性和出度中心性。中介中心性衡量节点对网络形成的控制能力及沟通其他节点的能力。如果某节点位于其他多对节点的最短路径上，则其中介中心性较高。中介中心性的取值范围为 0~1，中介中心性越大，则该点越接近网络的核心位置。知识扩散网络的接近中心性衡量网络中某节点与其他所有节点的距离远近。如果一个节点到其他节点的距离越短，可以推测该节点不受其他节点控制的能力越强。接近中心性阐述某节点在网络中的整体影响力[18,19]。

9.2.2 社会网络分析软件工具：UCINET

目前流行的社会网络分析软件有很多种，本教程选取 UCINET 来进行社会网络分析。UCINET 的特点有：数据兼容性强、使用简单、软件的配套辅助材料多等。UCINET 包括一些基本的图论概念、位置分析和多维量表分析，可以和其他多个软件进行数据交换活动，既可以对规模较小的网络进行分析，也可以对规模较大、复杂的网络进行探究[20]。它是一种综合性的社会网络分析软件，包括丰富的评价指标，比如：密度、中心度、位置分析算法、派系分析等。UCINET 分析数据既可以直接导入工具内，也可以新建表单直接录入。经过 UCINET 分析，所得结果有两种输出形式，第一种保存成日志型在屏幕上显示的文本型，第二种为能够作为其他程序输入的数据型。该软件包有很强的矩阵分析功能，还集成了 NetDraw，用于绘制社会网络图表。

NetDraw 软件具有形象直观的图形化显示、简单易学的操作性、卓越的开放兼容性等特点。借助 NetDraw 绘图，需导入符合要求的数据。NetDraw 支持两种数据导入方式，第一种为记事本文件，它描述节点信息；另一种为普遍使用的 UCINET 和 Pajek 数据。导入数据之后，NetDraw 根据网络节点的关系呈现图形。

9.2.3 文献计量软件工具：BICOMB

书目共现分析系统 BICOMB 软件*[21]是由中国医科大学医学信息学系开发的文献计量工具，用于处理从文献数据库 (如 PubMed、SCI、CNKI、万方等) 下载的文献记录，具体功能包括：抽取其中特定的字段，如作者、期刊名、标题、发表年代、引文等；统计相应字段的出现频次；按照一定的阈值截取高频条目后，形成共现矩阵和条目-来源文献矩阵 (如高频词-论文矩阵)；输出高频条目和矩阵 (txt 文档)，所形成的矩阵可以用于进一步的聚类分析和网络分析。

9.3 实 验 内 容

论文的合作关系是指多个作者共同撰写一篇文章，他们都对文献中的内容具有某种程度的贡献力。因此对于合作论文的度量，将是表现作者在与其他学者交流的过程中，科研的产出情况[22]。考虑到科学研究鼓励团队合作，本实验基于 CNKI 数据库，构建我国气象学学者合著科研合作网络，并进行合作特征分析。使用文献计量软件 BICOMB 统计高产作者，构建合作网络矩阵；借助社会网络分析软件 UCINET 分析科研合作网络特征，科研工作者因在科研工作中的合作而共同发表论文所形成的论文合作关系，在科研合作网络中，用节点表示科研工作者，节点之间的边表示论文合作关系[23,24]。

9.4 实 验 步 骤

9.4.1 数据下载

下载 CNKI 文献数据。CNKI 全称为中国知识基础设施工程，由清华大学与清华同方共同发起成立。CNKI 拥有的中文期刊全文数据库，现在已经成为世界上最大的一个动态更新的中国期刊的全文数据库，内容覆盖社科等多个研究领域。

数据下载的具体步骤：首先选择 CNKI 中期刊的"高级检索"，以"气象学"为主题词，设定文献来源为 SCI、EI、核心、CSSCI 期刊，时间为"2012 年至 2016 年"，选择基金项目为"国家自然科学基金"。经以上设置和步骤对 CNKI 的数据库检索以后，得到的文献总量为 8766 条(图 9-1)。

---

* 下载地址 http://202.118.40.8/bc/

图 9-1　CNKI 检索界面

　　每页可选择显示 50 条记录，由第一页开始依次点击"下一页"选择文本 (每次最多选择 500 条文献)，点击"导出/参考文献"，选择"文献导出格式"为"NoteFirst"，点击页面中的"导出"按钮下载文本(图 9-2，图 9-3)。

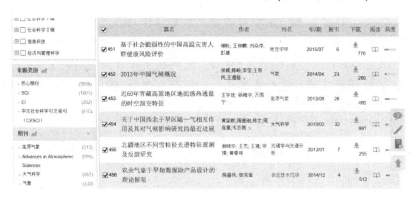

图 9-2　CNKI 检索结果

图 9-3　CNKI 文献导出

9.4.2　使用 BICOMB 软件构建作者合著矩阵

自 CNKI 下载的数据不能由 UCINET 直接处理，需要运用 BICOMB 软件进行预处理，构建作者合著矩阵。

1) 作者信息提取

打开 BICOMB，在"项目"页面右侧点击"增加"，在"项目编号"中新建一个编号 0005，选择格式类型为 cnki ··· <xml>。在"提取"页面点击右侧"选择目录"(或"选择文档") 将之前下载的文档导入软件中。在提取页面选择关键字段"作者"，点击"提取"(图 9-4，图 9-5)。

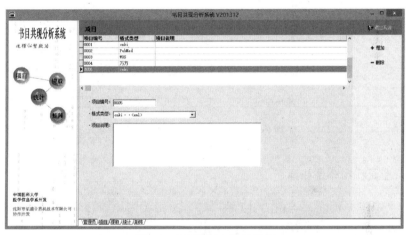

图 9-4　BICOMB 软件界面

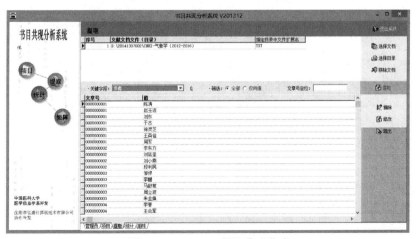

图 9-5　BICOMB 提取作者信息

2) 作者频次统计

在"统计"页面选择关键字"作者"，频次阈值为 1 ，点击"统计"，可导出至 Excel 中(图 9-6)。

图 9-6　BICOMB 统计作者频次

3) 生成作者合著矩阵

在"矩阵"页面，点击"共现矩阵"，选择关键字"作者"，选择频次阈值≥10，≤200 (选择发文频次高于 10 的高产作者)，点击"生成"，点击"导出矩阵至 Txt"(图 9-7)。

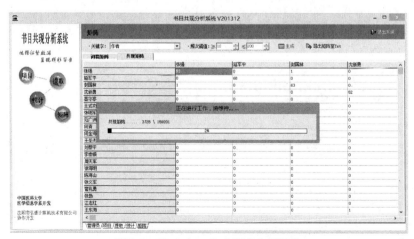

图 9-7　BICOMB 生成作者合著矩阵

　　新建一个 Excel 文档，将之前导出的"共现矩阵"导入，将文档中的非 0 数字全部化为 1(本实验建立的是二模矩阵，忽略合作频次，将所有合作关系均计为 1 次)，命名 Excel 文档为"作者合著矩阵"并保存。经 BICOMB 统计，发表论文 10 次以上的高产作者共有 399 人(图 9-8，图 9-9)。

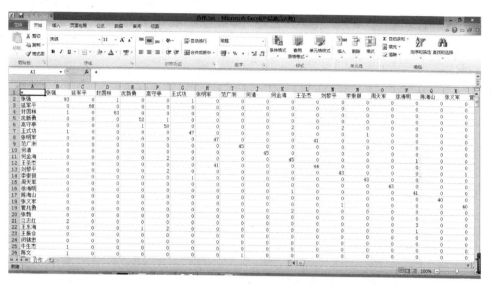

图 9-8　作者合著矩阵 1

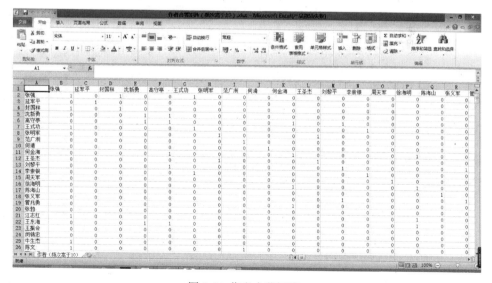

图 9-9　作者合著矩阵 2

9.4.3　使用 UCINET 软件构建作者合作网络

1) 数据导入

打开 UCINET，点击"Matrix spreadsheet editor 🔲"，点击"File"→"open"，将"作者合著矩阵"导入，将其另存为"作者合著矩阵（频次高于 10）.##h"（图 9-10，图 9-11）。

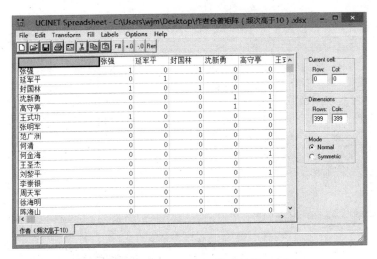

图 9-10　UCINET 格式转换

图 9-11　另存为 UCINET 格式

2) 构建作者合作网络图

采用 NetDraw 绘制作者之间的合作网络图谱可以直观地了解作者的合作情况，并且由每个作者的连线数量，可以分析推测出论文作者的影响力与研究活力(图 9-12)。

打开 UCINET 界面中的 NetDraw　，在 NetDraw 界面中点击 File→open →Ucinet dataset→NetWork，选择"作者合著矩阵 (频次高于 10).##h"，得到作者合作网络图。由网络图可知共有 399 个节点，2354 条边(图 9-13)。

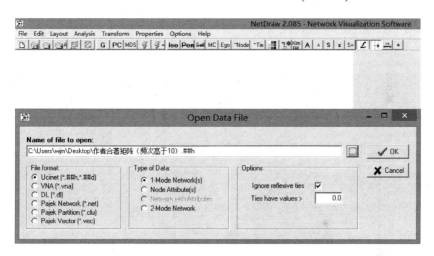

图 9-12　使用 NetDraw 绘制作者合作网络图

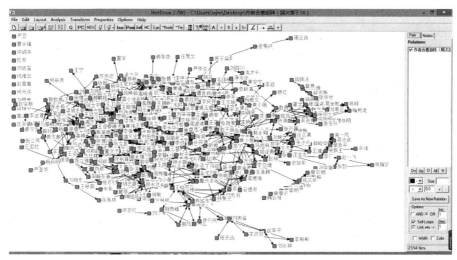

图 9-13　作者合作网络图

9.4.4 使用 UCINET 软件分析作者合作网络特征

1) 成分分析

在 UCINET 界面中，点击 NetWork → Regions → Components → Simple graphs，在"Input dataset"中选择"作者合著矩阵 (频次高于 10).##h"，可得相应的成分分析表。由图 9-14 可知，整个网络由 399 个节点，2354 条边组成，经 UCINET 软件对网络成分进行分析，发现该网络是一个非连通图，存在一个个相互独立的合作团体。整个共存在 21 个成分，其中 12 个独立节点与网络中其他成员没有合作关系；最大规模成分由 364 人组成，占全部节点总数的 91.23%。另外有 3 个成分节点数量分别为 5、1、2(图 9-15)。

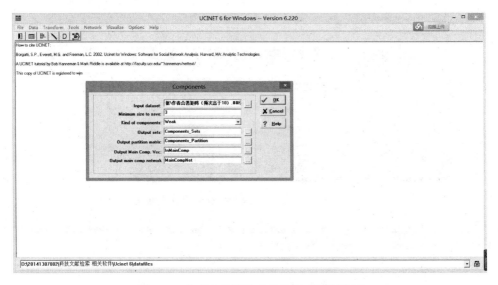

图 9-14　作者合作网络成分分析 (软件界面)

2) 网络密度

在 UCINET 界面中，点击 NetWork→Cohesion→Density→(New) Density Overall，选择"作者合著矩阵 (频次高于 10).##h"，即得整个网络的密度。由图 9-16 得网络密度为 0.0148。密度描述的是网络图中各个节点之间相互关联的紧密程度，总体上来看，网络密度较小，节点之间联系较为松散(图 9-17)。

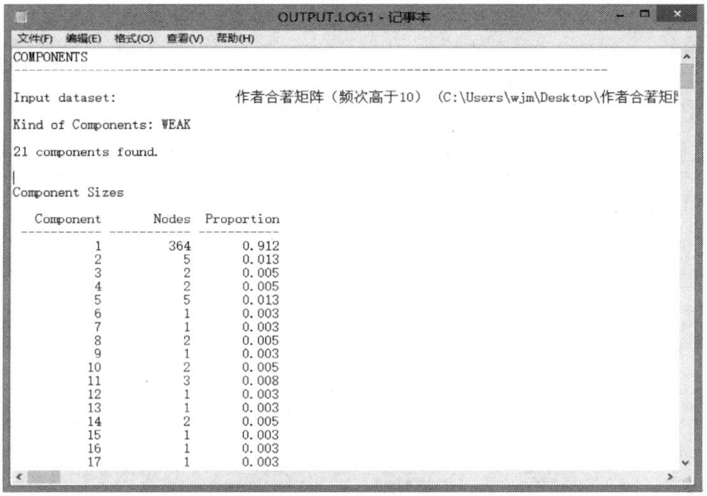

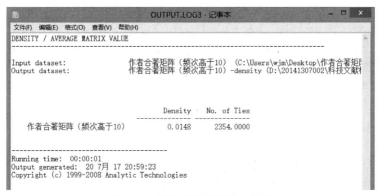

图 9-15　作者合作网络成分分析输出结果

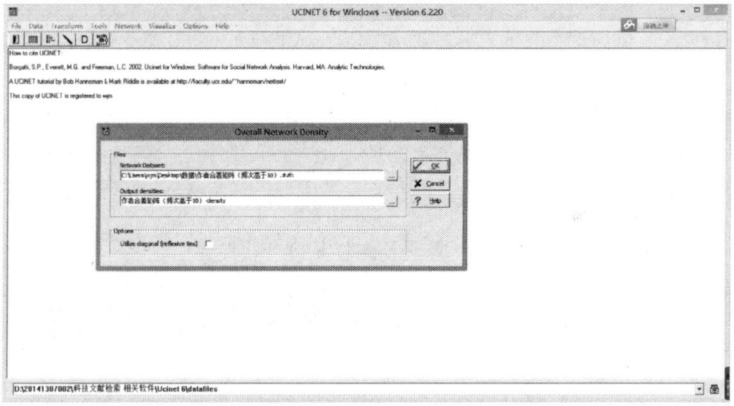

图 9-16　整体网络密度计算（软件界面）

图 9-17　整体网络密度输出结果

3) 平均路径长度

在 UCINET 界面中，点击 NetWork→Cohesion→Distance，选择"作者合著矩阵 (频次高于 10).##h"。由图 9-18 可知平均路径长度为 4.124，说明任意两个节点之间要经过 4.1 个人才能完成信息交流。此外，建立在距离基础之上的凝聚力指数为 0.231(图 9-19)。

图 9-18　计算平均路径长度 (软件界面)

图 9-19　平均路径长度输出结果

4) 凝聚系数

在 UCINET 界面中，点击 NetWork→Cohesion→Clustering Coefficient，选择 "作者合著矩阵 (频次高于 10).##h"，可知网络凝聚系数为 0.405，这意味着有 40.5%的可能连接是实际存在的(图 9-20，图 9-21)。

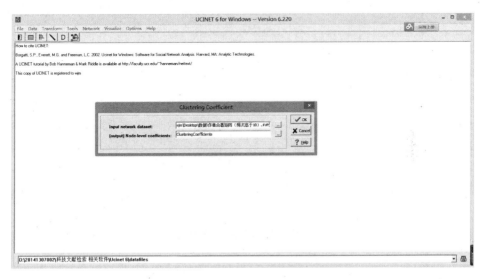

图 9-20　计算凝聚系数 (软件界面)

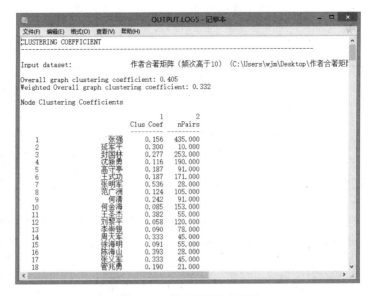

图 9-21　凝聚系数输出结果

5) 网络中心性分析

在合作网络中,基于合作关系对专家学者进行评价,也就是要分析作者在合作网络中处于什么地位,即分析作者在合作网络中的中心度 (重要度)。因一位作者的点度中心性能够反映他在合作网络中的核心性及中心地位,度数越高的作者说明他与较多的其他人合作过,思想交流和传播知识的范围自然就广,这样的人一般是在某学术领域具有较高学术地位和较大影响力的人[9,10]。

(1) 点度中心度。在 UCINET 界面中,点击 NetWork→Centrality→Degree,选择"作者合著矩阵 (频次高于 10).##h"。网络中节点的最大度数为30(图 9-22,图 9-23)。

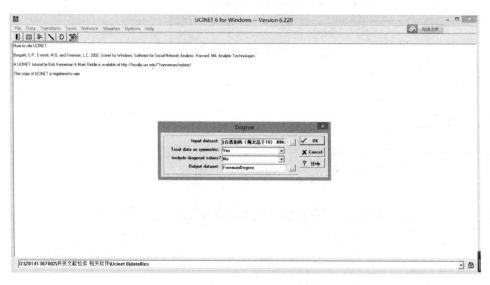

图 9-22 计算点度中心度 (软件界面)

(2) 中介中心度。在 UCINET 界面中,点击 NetWork→Centrality→Freeman Betweenness→Node Betweenness,选择"作者合著矩阵 (频次高于 10).##h" (图 9-24)。作者的中介中心性大小反映了作者在合作网络的搭建中所起到的作用,中介性越大,其在网络中的作用就越大,缺少它会导致合作网络连接中断。由图 9-25 可知,中介性最大的作者为刘黎平教授,其值为 6384.007,这与他的学术地位和学术活跃程度有关,其对于网络中的其他成员来说,具有最强的媒介作用。

OUTPUT.LOG7 - 记事本

文件(F) 编辑(E) 格式(O) 查看(V) 帮助(H)

FREEMAN'S DEGREE CENTRALITY MEASURES:

Diagonal valid?　NO
Model:　SYMMETRIC
Input dataset:　作者合著矩阵（频次高于10）（C:\Users\wjm\Desktop\作者合著矩

		1 Degree	2 NrmDegree	3 Share
1	张强	30.000	7.538	0.013
51	任福民	25.000	6.281	0.011
27	龚志强	25.000	6.281	0.011
3	封国林	23.000	5.779	0.010
4	沈新勇	20.000	5.025	0.008
91	王斌	20.000	5.025	0.008
6	王式功	19.000	4.774	0.008
169	孙丞虎	19.000	4.774	0.008
10	何金海	18.000	4.523	0.008
21	王东海	18.000	4.523	0.008
83	袁媛	18.000	4.523	0.008
29	张人禾	17.000	4.271	0.007
38	李耀辉	17.000	4.271	0.007
26	丁一汇	17.000	4.271	0.007
179	王遵娅	17.000	4.271	0.007
174	李清泉	17.000	4.271	0.007
31	侯威	16.000	4.020	0.007
12	刘黎平	16.000	4.020	0.007
79	柳艳菊	16.000	4.020	0.007
8	范广洲	15.000	3.769	0.006

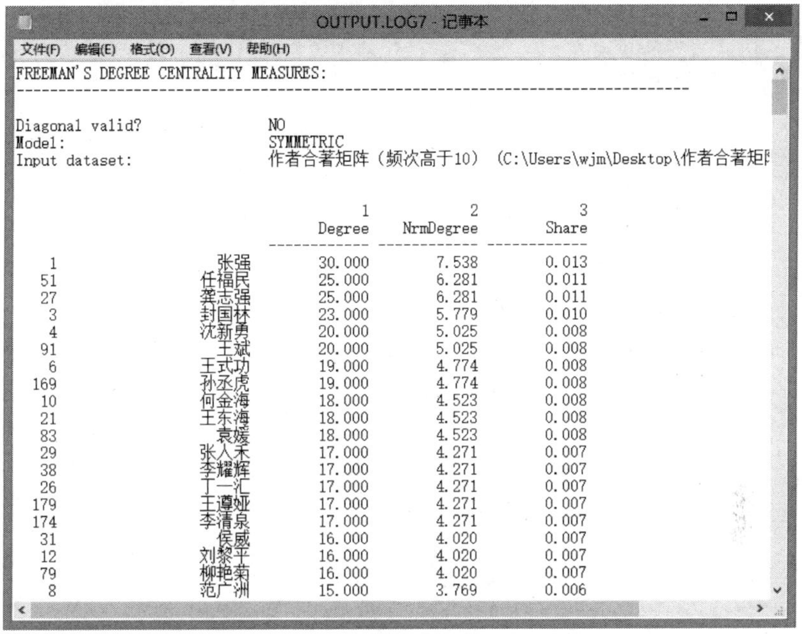

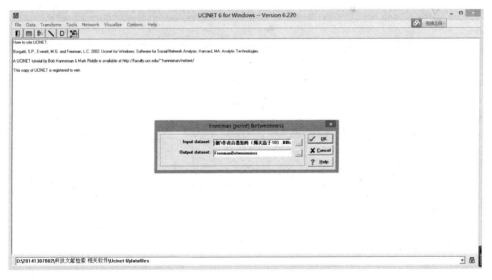

图 9-23　点度中心度输出结果

图 9-24　计算中介中心度 (软件界面)

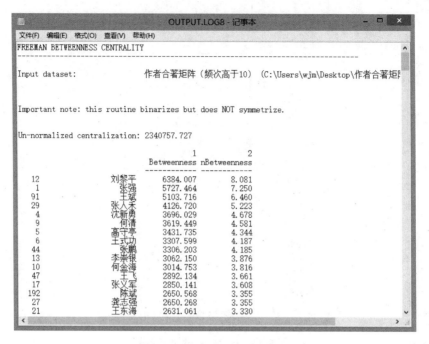

图 9-25　中介中心度输出结果

（3）接近中心度。在 UCINET 界面中，点击 NetWork→Centrality→Closeness，选择"作者合著矩阵（频次高于 10）.##h"（图 9-26，图 9-27）。

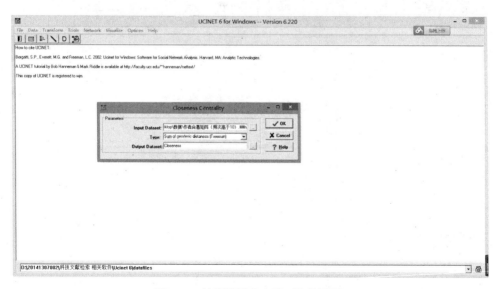

图 9-26　计算接近中心度（软件界面）

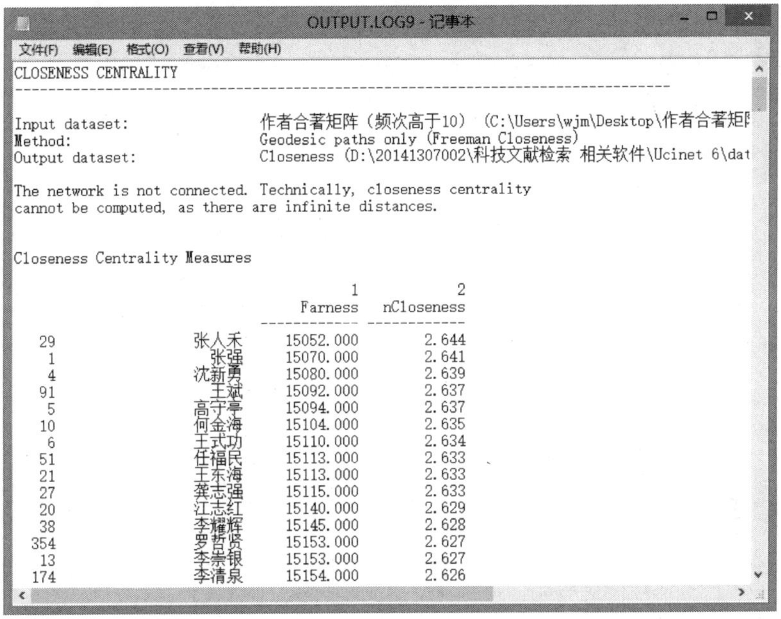

CLOSENESS CENTRALITY

Input dataset: 作者合著矩阵（频次高于10） (C:\Users\wjm\Desktop\作者合著矩阵

Method: Geodesic paths only (Freeman Closeness)

Output dataset: Closeness (D:\20141307002\科技文献检索 相关软件\Ucinet 6\dat

The network is not connected. Technically, closeness centrality cannot be computed, as there are infinite distances.

Closeness Centrality Measures

		1 Farness	2 nCloseness
29	张人禾	15052.000	2.644
1	张强	15070.000	2.641
4	沈新勇	15080.000	2.639
91	王斌	15092.000	2.637
5	高守亭	15094.000	2.637
10	何金海	15104.000	2.635
6	王式功	15110.000	2.634
51	任福民	15113.000	2.633
21	王东海	15113.000	2.633
27	龚志强	15115.000	2.633
20	江志红	15140.000	2.629
38	李耀辉	15145.000	2.628
354	罗哲贤	15153.000	2.627
13	李崇银	15153.000	2.627
174	李清泉	15154.000	2.626

图 9-27　接近中心度输出结果

6) 个体网基本指标分析

个体网络结构分析部分主要从个体网络的连接强度、网络密度和规模以及中心性这几个方面入手。对于分别收集的中心度最高的前十位学者的数据，使用 UCINET 工具，可以计算的个体网络指标包括个体网的规模 (Size)、关系总数 (Ties)、最大可能的点对数 (Pairs)、密度 (Density)、平均距离 (AvgDist)、直径 (Diameter)、弱成分的数量 (nWeakComp)、在 2 步内可达的点数与个体网规模之比 (2StepReach)、可达的效率 (ReachEffic)、中间人 (Broker)(图 9-28，图 9-29)。

在 UCINET 界面中，点击 NetWork→Ego Networks→Egonet Basic Measures，选择“作者合著矩阵 (频次高于 10).##h”。

7) 诚实中间人指标分析

以往的研究显示，占据中心位置的研究人员，通常也具有高中介中心性，倾向于作为其合作者向外连接的中介。这里我们使用诚实中间人指数 (honest broker indices) 进行判别，在 UCINET 界面中，点击 NetWork→Ego Networks→Honest broker index，选择“作者合著矩阵 (频次高于 10).##h”(图 9-30)。

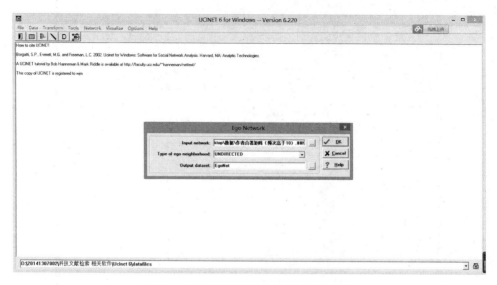

图 9-28　计算个体网基本指标 (软件界面)

OUTPUT.LOG10 - 记事本

文件(F) 编辑(E) 格式(O) 查看(V) 帮助(H)

EGO NETWORKS

Input dataset: 作者合著矩阵（频次高于10） (C:\Users\wjm\Desktop\作者合著矩

Density Measures

		1 Size	2 Ties	3 Pairs	4 Densit	5 AvgDis	6 Diamet	7 nWeakC	8 pWeakC	2Ste
1	张强	30.00	136.00	870.00	15.63			2.00	6.67	30.
2	延军平	5.00	6.00	20.00	30.00			2.00	40.00	2.
3	封国林	23.00	140.00	506.00	27.67			2.00	8.70	21.
4	沈新勇	20.00	44.00	380.00	11.58			4.00	20.00	26.
5	高守亭	14.00	34.00	182.00	18.68			5.00	35.71	23.
6	王式功	19.00	64.00	342.00	18.71			4.00	21.05	24.
7	张明军	8.00	30.00	56.00	53.57	1.46	2.00	1.00	12.50	5.
8	范广洲	15.00	26.00	210.00	12.38			7.00	46.67	11.
9	何清	14.00	44.00	182.00	24.18			4.00	28.57	9.
10	何金海	18.00	26.00	306.00	8.50			7.00	38.89	23.
11	王圣杰	11.00	42.00	110.00	38.18	1.84	3.00	1.00	9.09	10.
12	刘黎平	16.00	14.00	240.00	5.83			9.00	56.25	17.
13	李崇银	13.00	14.00	156.00	8.97			7.00	53.85	20.
14	周天军	10.00	30.00	90.00	33.33			2.00	20.00	11.
15	徐海明	11.00	10.00	110.00	9.09			6.00	54.55	18.
16	陈海山	8.00	22.00	56.00	39.29			3.00	37.50	9.
17	张义军	10.00	30.00	90.00	33.33	2.04	4.00	1.00	10.00	9.
18	管兆勇	7.00	8.00	42.00	19.05			4.00	57.14	9.
19	张勃	3.00	4.00	6.00	66.67	1.33	2.00	1.00	33.33	2.
20	江志红	13.00	12.00	156.00	7.69			7.00	53.85	22.

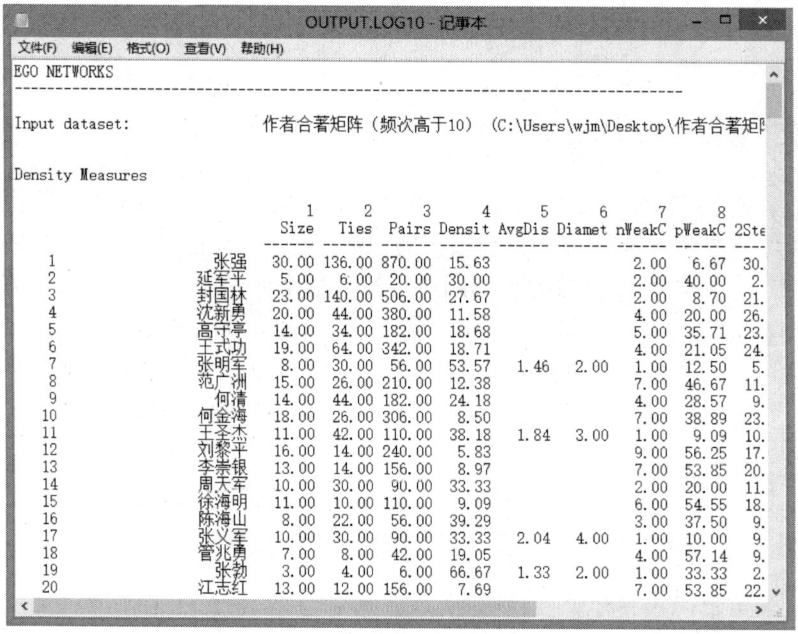

图 9-29　个体网基本指标列表输出结果

从图 9-31 中可以看出，张强作为中介的次数是 30 次，共联络了 435 对关系，其中 111 对属于纯中介类 (HBI0) 关系，即在中间人所联络的任何两个人之间不存在关系，HBI1 代表弱中介，即在中间人所联络的任何两个人之间允许存在一条有向关系。HBI2 代表非中介 (non-brokerage)，即在中间人所联络的任何两个人之间存在双向关系。在此基础上，可以推论出作为中间人，专家在其各自的个体网中所发挥的作用的重要程度。纯中介比重越大，说明节点所起到的中间人作用越大，因为如果失去这个节点，他所联系的人之间的关系均不复存在了。

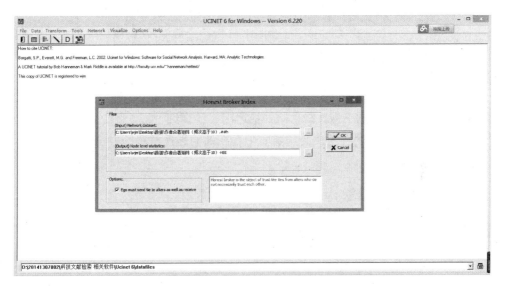

图 9-30　计算诚实中间人指标 (软件界面)

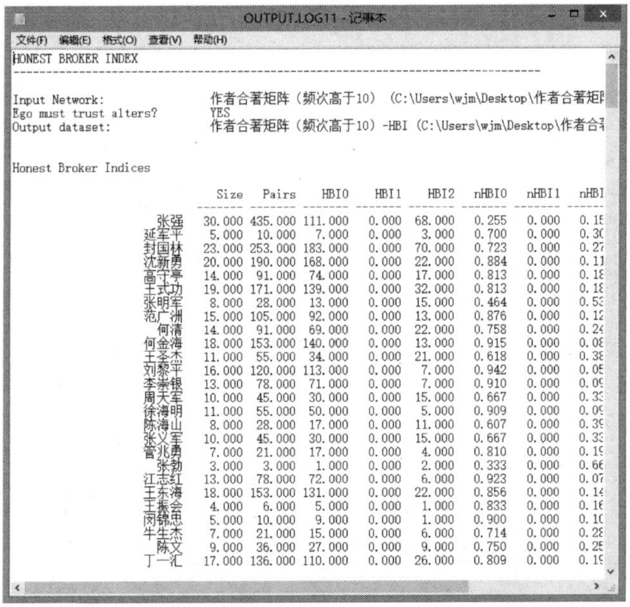

图 9-31　诚实中间人指标列表输出结果

9.5　复习思考题

(1) 总结社会网络分析的基本原理。

(2) 使用 BICOMB 构建作者合著矩阵，一般分为哪几个步骤？

(3) 使用 UCINET 软件进行社会网络分析，一般涉及哪几个指标？

(4) 网络中心性分析中，点度中心度、中介中心度、接近中心度三个概念区别有哪些？

(5) 撰写符合实验内容要求的实验报告：①选择中文关键词在 CNKI 文献数据库中检索，完成数据下载；②总结并描述出实验详细过程，将实验的过程截图，提交实验结果；③写明实验体会和实验中存在的问题及解决的办法。

第 10 章　基于 CiteSpace 的文献可视化分析

10.1　实　验　目　的

随着信息技术的不断发展和文献统计学的日趋完善，全球信息呈爆炸式增长，利用可视化信息处理软件对数据信息进行科学图谱分析、绘制与可视化为数据的处理和分析提供了新方法。CiteSpace 即是一款用于计量和分析科学文献数据的信息可视化软件，利用分时动态的可视化图谱展示科学知识的宏观结构及其发展脉络，在国内外得到了广泛的应用[26,27]。

(1) 了解 CiteSpace 软件的基本操作和应用环境。

(2) 掌握从国内外主流文献数据库下载数据的基本方法。

(3) 熟悉使用 CiteSpace 软件进行文献信息可视化分析、绘制知识图谱的基本流程。

10.2　背　景　知　识

1) CiteSpace 软件简介

CiteSpace 软件是在陈超美教授带领下开发编制的一种以全新研究视角、在当今世界范围内流行使用的可视化分析研究工具[28]。该软件可以在基于引文网络的基础上进行知识流动的分析。CiteSpace 应用 Java 语言开发编成，基于共引分析理论以及寻径网络算法的相关知识[29]，对特定领域的文献进行集体的分析与计量，分析展示所研究领域的发展演进的路径与转折点，并提供图谱美化调节功能，研究学科发展演进的内在动力并探索发展的潜在前沿。

2) 引文分析

一篇科学文献并不是孤立的，而是存在于所属学科的文献中，并通过参考文献目录来指明。一篇文献在参考文献目录中被提及，说明在著者的思想中，被引文献的部分或全体与引用文献的部分或全体之间存在一种关系。引文分析是对文献的引用和被引用现象进行分析，以揭示科学发展态势的一种研究方法，科学文献或作者间的引用与被引用关系构成了引文网络[30-32]，引文分析可视化研究旨在探讨如何利用计算机系统设计的方法和工具，把引文网络以一种直观网络图的形式显示出来，为学者提供引文分析的可视化查询和分析平台。

10.3　实　验　内　容

本实验教程以国内外工会研究论文为例，分别介绍从 WoS、CNKI、CSSCI 数据库下载数据的基本过程，并使用 CiteSpace 进行可视化分析，包括国家、机构共现网络，关键词聚类，文献共被引聚类、期刊共被引聚类、作者共被引聚类等。

10.4　实验步骤——数据下载

10.4.1　下载 WoS 文献数据

WoS，英文全称为 Web of Science，是美国 Thomson Scientific 基于 Web 而开发的一个大型综合多学科核心期刊引文索引数据库，它包括 SCI、SSCI 和 A&HCI 数据库以及两个化学 CCR、IC 数据库，还有 SCIE、CPCI-S、CPCI-SSH 三个引文数据库，以 ISI Web of Knowledge 作为检索平台。

WoS 数据库收录了上万种世界权威、高影响力的学术期刊，内容涵盖面广，最早可以追溯至 1900 年。Web of Science 收录了论文中所引用的参考文献，并按照被引作者 (cited author)、出处 (cited journal) 和出版年代 (year) 编成独特的引文索引 (cite)。CiteSpace 软件处理的数据就是以从 WoS 下载的数据格式为标准处理格式的。

数据下载的具体操作如下：首先在 Web of Science 数据库中选择"核心合集"数据库，以用来保证文献质量。以图 10-1 的检索式进行检索，设定文献时间为"2007 年至 2016 年"。

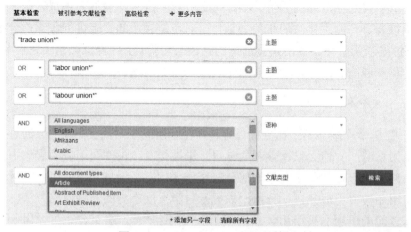

图 10-1　Web of Science 检索界面

经以上设置和步骤对 Web of Science 核心数据库进行检索以后，得出的文献总量为 178 条。点击"保存为其他文件格式"，按图 10-2 步骤下载文本，文件名开头为"download_"的形式。

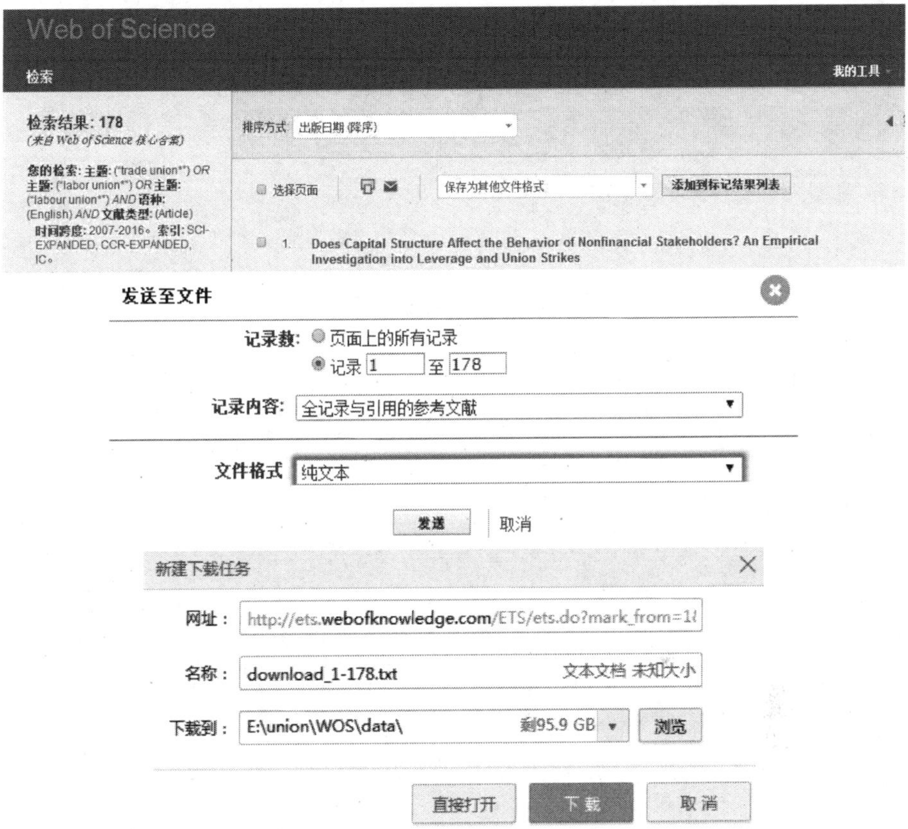

图 10-2　Web of Science 数据导出

10.4.2　下载 CNKI 文献数据

CNKI 全称为中国知识基础设施工程，由清华大学与清华同方共同发起成立。CNKI 拥有的中文期刊全文数据库，现在已经成为世界上最大的一个动态更新的中国期刊的全文数据库，内容覆盖社科等多个研究领域。

数据下载的具体步骤：首先选择 CNKI 中期刊的"高级检索"，以"工会"为主题词，设定文献来源为"CSSCI"，时间为"2007 年至 2016 年"。经以上设置和步骤对 CNKI 的数据库检索以后，得到的文献总量为 1532 条(图 10-3)。

图 10-3　CNKI 检索界面

　　每页可选择显示 50 条记录，由第一页开始依次点击"下一页"选择文本 (每次最多选择 500 条文献)，点击"导出/参考文献"，选择"文献导出格式"为"Refworks"，点击页面中的"导出"按钮下载文本(图 10-4，图 10-5)。

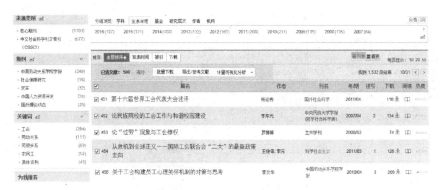

图 10-4　　CNKI 检索结果

图 10-5　CNKI 文献导出

　　文献下载时，可初步删减不相关文本，如订阅信息、征稿启事、访谈、无关键词文本等，保留文献 1274 条(图 10-6，图 10-7)。

☑ 492	提高企业工会工作群众满意度	陈远芳	理论前沿	2009/10	3	103
☑ 493	新时期工会工作的热点和难点	谢贵梅	山西财经大学学报	2012/S4		65
☑ 494	建立健全权力制约监督机制的几点思考	张勇; 綦晓飞	中国劳动关系学院学报	2011/05	1	143
☐ 495	欢迎订阅2014年《中国劳动关系学院学报》(原《工会理论与实践》)		中国劳动关系学院学报	2014/01		13

图 10-6　CNKI 数据清理 1

☑ 130	"以人为本"的经营理念与私营经济的和谐发展	樊秋墅	湖北社会科学	2008/02	1	63
☐ 131	案件追踪		电子知识产权	2008/03		24
☐ 132	自觉践行《规范》做人民满意的教师		中国教育学刊	2008/10		64
☐ 133	黑龙江工程学院		中国高等教育	2008/06		21
☐ 134	学员风采		中国人力资源开发	2008/05		5
☐ 135	宏观农业研究专家王千里编审		内蒙古农业科技	2008/01		2

图 10-7　CNKI 数据清理 2

10.4.3　下载 CSSCI 文献数据

　　CSSCI 是中国社会科学期刊引文索引，该数据库主要用于检索中文期刊在人

图 10-8　CSSCI 检索界面

文社科领域的相关论文的引用和收录情况，目前收录包括法学、管理学等在内的五百多种学术期刊。

　　数据下载的具体操作如图 10-8 所示，首先选择高级检索方式，以"工会"作为关键词进行文献的检索，发文年代选择为"2007 年至 2016 年"。选择文献类型"论文"，最终获得 339 条数据。从第一页开始依次点击"下一页"，点击"全部选择"，"下载"文本(图 10-9，图 10-10)。

图 10-9　　CSSCI 检索结果

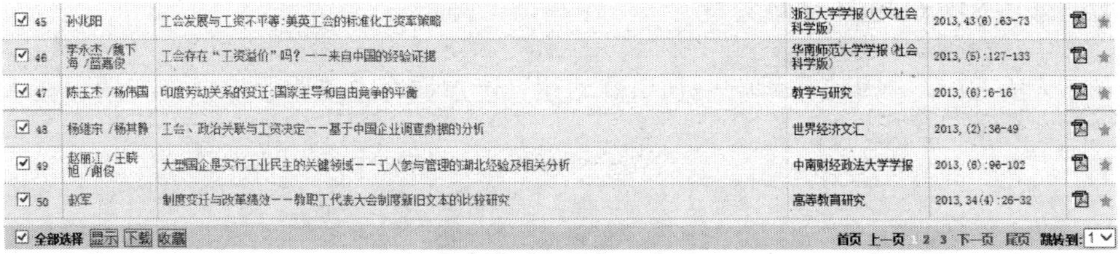

图 10-10　CSSCI 文献导出

10.5　实验步骤——数据预处理

　　自 WoS 数据库下载的数据可以由 CiteSpace 来直接分析处理，但是该软件目前还不能够识别使用非矩阵格式存储的文献数据，故从 CSSCI 数据库和 CNKI 数据库下载的数据，不能直接通过 CiteSpace 进行分析处理，需要在输入这些数据之前，先对其进行格式的转换。本书所采用的转换方式是，使用 CiteSpace 自带的转换器来进行数据格式的转换。在安装 CiteSpace 软件之后，选择"Data"按钮，在下拉出来的菜单中，单击选择"Import/Export"选项，会弹出包含各种文献转换方式的文献转换器，可以用来将 CSSCI、CNKI 数据库的数据转换为可处理的文献格式。将经过转换后的数据放置在一个新建的空文件夹中，以 download 英文名称命名后便可导入 CiteSpace 可视化软件中进行分析使用了。

10.5.1　CSSCI 格式转换

(1) 打开下载的文本，另存为 UTF-8 格式(图 10-11)。

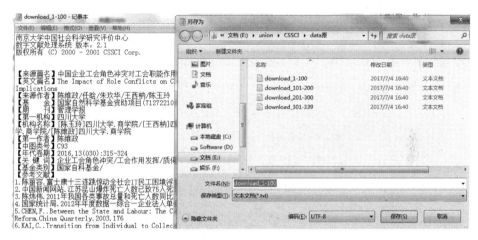

图 10-11　CSSCI 文件格式另存

(2) 数据转换：打开软件选择"Data"→"Import/Export"，建立 input 文件夹保存原始数据，output 文件夹保存转换后的数据，选择"CSSCI"进行格式转换操作(图 10-12，图 10-13)。

(3) 数据分析：建立空文件夹 data 和 project，复制转换后的文本至 data，project 用于保存分析后的结果 (CNKI，WoS 相同)。

(4) 数据导入：选择"New"，输入"Title"文件及分析结果路径"Project Home""Data Directory"，选择对应"Data Source"，点击"Save"（图 10-14）。

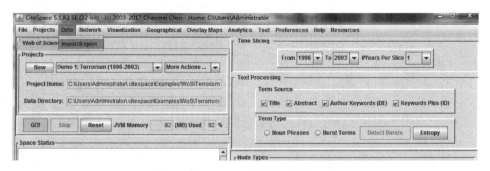

图 10-12　CSSCI 文件格式转换工具

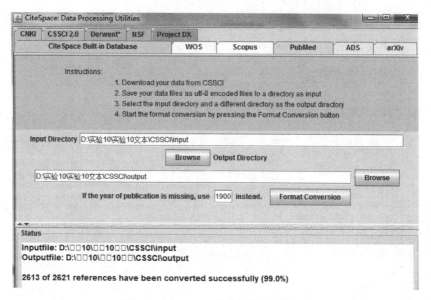

图 10-13　CSSCI 文件格式转换过程

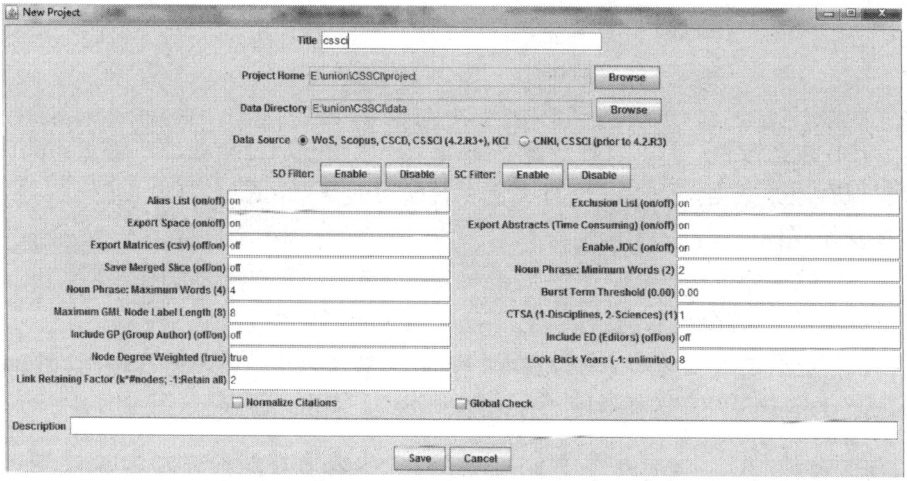

图 10-14　CiteSpace 数据导入

(5) 参数设置：Time Slicing 设置为 2007~2016 年， Years Per Slice 设置成 1；
选择相应网络节点类型 (Term Type)；阈值 (Top N) 选择各时区前 30 个的高频
现节点，点击 "GO!" 进行可视化分析(图 10-15)。

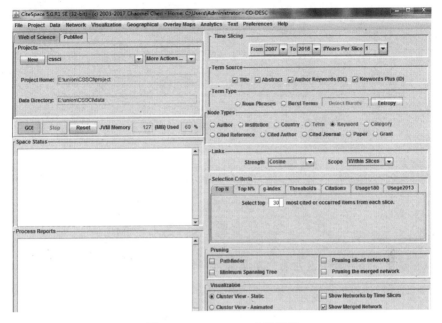

图 10-15　CiteSpace 参数设置

10.5.2　CNKI 格式转换

(1) 数据转换：打开软件选择"Data"—"Import/Export"建立 input 文件夹保存原始数据，output 文件夹保存转换后的数据，选择"CNKI"进行格式转换操作(图 10-16)。

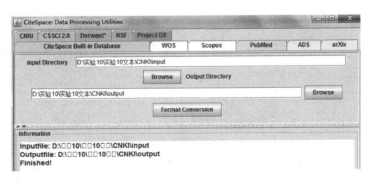

图 10-16　CNKI 格式转换

(2) 转换后的文件形式如图 10-17 所示。

download2007_997x1unique	2017/6/23 11:40	文本文档	1 KB
download2007_998x1unique	2017/6/23 11:40	文本文档	1 KB
download2007_999x1unique	2017/6/23 11:40	文本文档	1 KB
download2007_1000x1unique	2017/6/23 11:40	文本文档	1 KB
download2007_1001x1unique	2017/6/23 11:40	文本文档	1 KB
download2007_1002x1unique	2017/6/23 11:40	文本文档	1 KB
download2007_1003x1unique	2017/6/23 11:40	文本文档	1 KB
download2007_1004x1unique	2017/6/23 11:40	文本文档	1 KB
download2007_1005x1unique	2017/6/23 11:40	文本文档	1 KB
download2007_1006x1unique	2017/6/23 11:40	文本文档	1 KB
download2007_1007x1unique	2017/6/23 11:40	文本文档	1 KB

图 10-17　CNKI 格式转换后文件列表

10.6　实验步骤——数据分析

10.6.1　基于 WoS 国外工会研究文献的可视化分析

1)国家、机构合作网络

不同国家之间的合作领域的分布以及彼此间合作的强度，各个合作领域之间的研究力量的分布，可以通过国家合作知识图谱与机构合作分析图谱来进行综合的展示与研究[33]。

将从 WoS 下载的数据导入 CiteSpace 软件后，进行如下基础参数设置：Time Slicing 设置为 2007~2016 年，Years Per Slice 设置成 1；网络节点类型 (Node Types) 选择国家 (Country) 与机构 (Institution)；阈值 (Top N) 选择各时区前 30 个的高频现节点，运行 CiteSpace 软件，得到如图 10-18、图 10-19 所示的国外工会研究国家机构共现图谱。其中圆形的节点代表研究国家，处于直线分支上

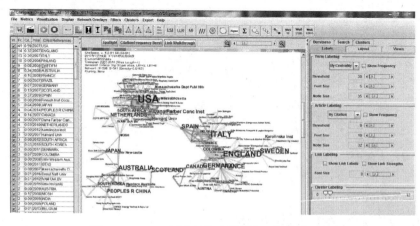

图 10-18　WoS 国家机构合作网络 (软件界面图)

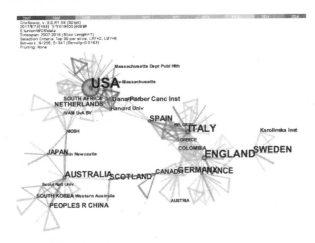

图 10-19　WoS 国家机构合作网络 (全图)

的节点则代表研究机构。"Labels"菜单可用于调节节点大小、节点标签大小、显示标签数量等,"Views"菜单可用于调节连线的深浅等。图 10-19 通过调节"Labels"→ "Threshold"为 1, 显示国家机构频次大于 1 的节点标签, 图 10-18 左边部分显示国家机构的频次、中心度及最早出现的年份等信息, 可见 USA 的频次最高, 为 41 次, 中心度最高, 为 0.59。图 10-19 左上方显示网络信息, 包括: 软件版本信息、作图时间、数据来源路径、网络节点数量、连线数量等信息。右击 USA 节点选择"Citation History"得到美国作者的发文年份变化, 如图 10-20 所示。

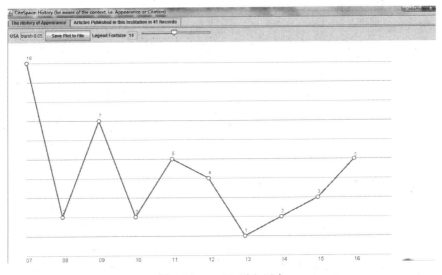

图 10-20　USA 引文历史

2) 关键词可视化分析

研究热点通常是指在某一个时间段内，存在内在联系且数量较多的一组文献所探讨的学问或者是相关专题。本实验通过分析当前国外工会研究的热点，来辨清国外工会研究方向，明确研究主题之间的相似和不同。在一篇文献中，关键词可以体现其中的精髓与核心，通常情况下，是对文章主题的一种高度的概括与有效的凝练。根据 CiteSpace 软件的分析特点，关键词共现网络图谱可以展示出当前某一领域的研究热点，以及过去曾经产生过哪些可能的研究热点。使用对高频关键词的可视化，来对工会研究的热点进行相关分析。

在 CiteSpace 工具中，对软件进行参数设置：Time Slicing 设置成 2007~2016年，Years Per Slice 设置成 1；Node Types 选择关键词（Keyword）；Top N 选择前 30；修饰算法（Pruning）选择寻径法（pathfinder）。运行 CiteSpace，得到图 10-21 所示国外工会研究高频关键词图谱。

图 10-21 中的节点代表国外工会研究的关键词，出现的频次越多，其节点就会越大。不同节点之间的连线则是用来表现关键词之间的共现关系。

统计得到工会关键词有"labor union""trade union""union"，将三个关键词合并为"labor union"，步骤：右击"labor union"节点，选择"Add to the Alias List (Primary)"，随后选择要被合并的节点如"trade union"，右击"trade union"节点，选择"Add to the Alias List (Secondary)"，重新运行后两节点合并为"labor union"。

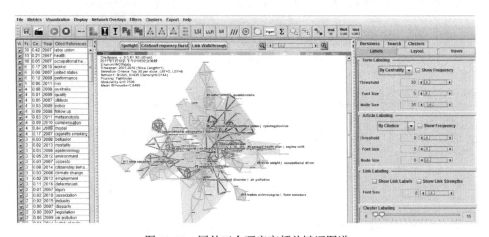

图 10-21　国外工会研究高频关键词图谱

聚类：点击菜单栏中后点击，生成图 10-22 为 WoS 关键词聚类结果，点击"Display"→"Clusters"→"Filter Out Small Clusters",去除包含关键词较少的聚类,如图 10-22 所示,也可对聚类的其他展示方式进行调整,如只显示聚类的边框 Convex Hull: Fill/Border Only,见图10-22。图 10-22 左上显示的"Modularity Q=0.7938""Mean Silhouette=0.6486"

用于衡量聚类的效果（Modularity表示网络的模块度,值越大表示网络的聚类结果越好。Mean Silhouette=1, Silhouette值是用来衡量网络同质性的指标,越接近1,反映网络的同质性越高（注意Silhouette主要在聚类后来衡量某个聚类内部的同质性,但是在聚类内部成员很少时,这个值的信度会降低））。选择菜单中"Clusters"→"Cluster Explorer",可查看不同聚类所包含的关键词、不同算法（包括:TF*IDF、LLR、MI）的聚类命名等信息,见图10-23。聚类结果也可有不同的展示方式,图 10-24 为关键词聚类的时间线(Timeline) 展示,选择菜单"Display"→"Timeline View",可调节节点标签的角度,选择菜单中 LSI LLR MI ,可显示不同聚类算法下的聚类标签。

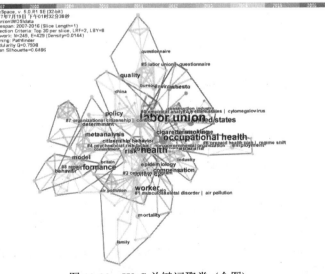

图 10-22　WoS 关键词聚类 (全图)

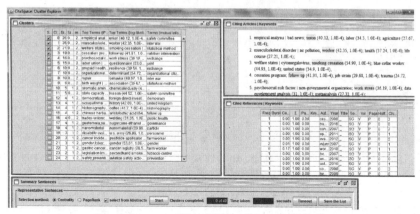

图 10-23　WoS 关键词聚类 (关键词聚类信息)

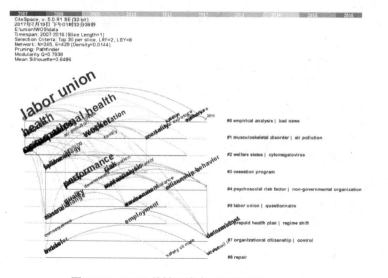

图 10-24　WoS 关键词聚类 (关键词 Timeline)

3) WoS 国外工会研究文献共被引分析

通过文献共被引分析，可以得到某科学研究领域内研究的核心文献，其研究可以代表该领域内研究的重要内容。

将从 WoS 下载的数据导入 CiteSpace 软件后，进行参数设置：Time Slicing 设置成 2007~2016 年，Years Per Slice 设置成 1；节点类型勾选 Cited Reference；Top N 选择前 30 个高被引节点，运行 CiteSpace，得到如图 10-25 所示结果，有关国外工会研究相关文献的共被引时区分布图谱(图 10-26)。

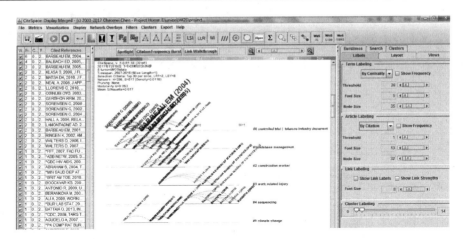

图 10-25　WoS 文献共被引聚类 (软件界面图)

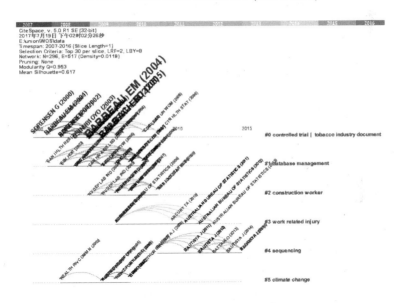

图 10-26　WoS 文献共被引聚类 (全图)

4) WoS 国外工会研究文献共被引作者分析

将从 WoS 下载的数据导入 CiteSpace 软件后，进行参数设置：Time Slicing 设置成 2007~2016 年，Years Per Slice 设置成 1；节点类型勾选 Cited Author；Top N 选择前 30 个高被引节点，运行 CiteSpace，得到如图 10-27 所示结果，有关国外工会研究相关文献作者共被引时区分布图谱(图 10-28)。

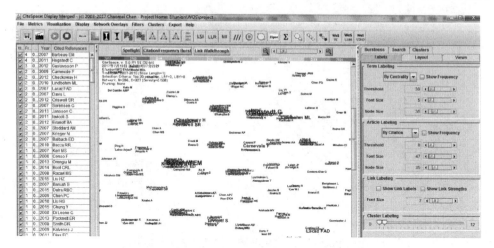

图 10-27　WoS 作者共被引 (软件界面图)

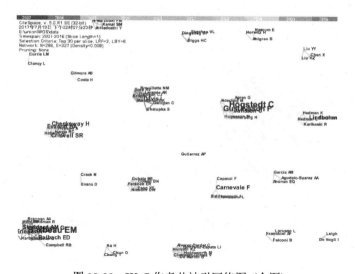

图 10-28　WoS 作者共被引网络图 (全图)

5) WoS 国外工会研究文献期刊共被引分析

为了解一个研究领域的核心期刊的分布，可以通过期刊被引分析来进行研究。其引用频次的高低，可以反映出这一期刊中所登载的相关研究领域的文献的参考价值的高低[25]。

将从 WoS 下载的数据导入 CiteSpace 软件后，进行参数设置：Time Slicing 设置成 2007~2016 年，Years Per Slice 设置成 1；网络节点类型选择被引期刊 (Cited Journal)；Top N 选择各时区前 30 个高被引节点，运行 CiteSpace，得到如图 10-29、图 10-30(网络背景可通过菜单中的 ▓ 进行选择) 所示有关国外工会研究期刊共被引时区图谱(图10-31)。

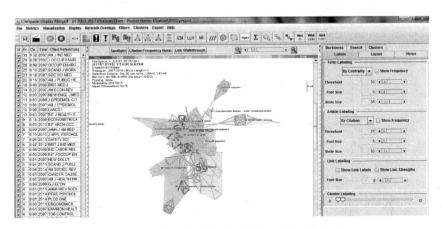

图 10-29　WoS 期刊共被引聚类 (软件界面图)

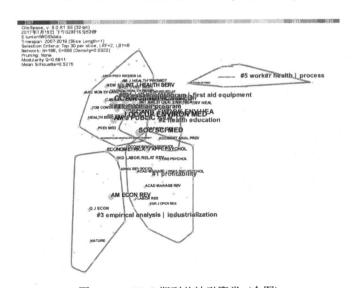

图 10-30　WoS 期刊共被引聚类 (全图)

10.6.2　基于 CNKI 国内工会研究文献的可视化分析

1) 机构合作网络

打开原始数据文本，进行机构规范化处理，如"中国劳动关系学院""中国劳动关系学院工会学系"合并为一级单位"中国劳动关系学院"，然后对数据进行

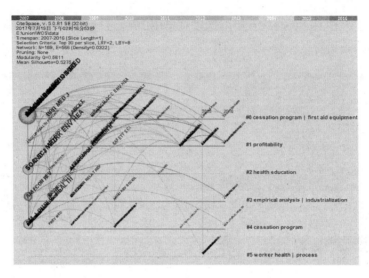

图 10-31　WoS 期刊共被引聚类 (Timeline)

转码，导入 CiteSpace 进行参数配置：Time Slicing 设置成 2007~2016 年；Years Per Slice 设置成 1；Node Types 选择机构 (Institution)；Top N 选择各时区前 30 个高频现节点，运行 CiteSpace，得到机构合作网络，见图 10-32，对国内工会研究机构进行关键词聚类，结果如图 10-33 和图 10-34 所示，展示国内工会研究不同机构的不同关注对象，如按 TF*IDF 算法命名的聚类：#0 劳动收入份额，同质性=0.918，研究的机构包括：南开大学、复旦大学、上海财经大学等。#1 劳动合同，同质性=0.957，机构包括：中国人民大学、华东师范大学、浙江大学、

图 10-32　CNKI 机构合作图谱 (软件界面图)

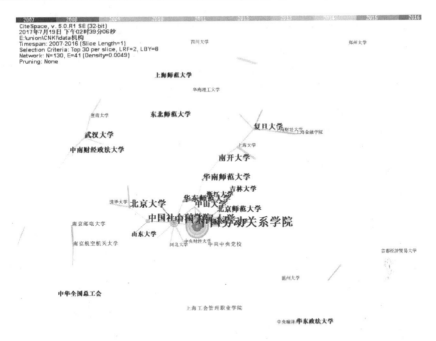

图 10-33　CNKI 机构合作图谱（全图）

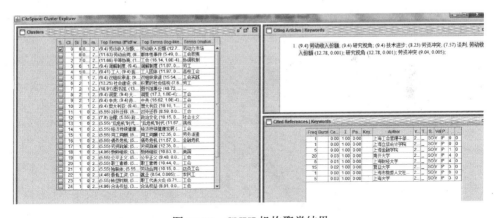

图 10-34　CNKI 机构聚类结果

中央财经大学等。#2 平等协商，同质性=0.779，机构包括：中国劳动关系学院、华南师范大学、中山大学、北京师范大学等。聚类#6 及以下聚类所包含的机构较少，同质性变为 0。

2）关键词聚类

将从 CNKI 下载的数据转码后导入 CiteSpace 中，对软件进行参数配置：Time

Slicing 选择 2007~2016 年，Years Per Slice 设置成 1；Node Types 选择 Keyword；Top N 选择前 30 个高频现节点；修饰算法 (Pruning) 选择寻径法 (pathfinder)。运行 CiteSpace，得到国内工会研究高频关键词图谱。见图 10-35，不同聚类算法得到的聚类标签不同，三种不同聚类算法中，聚类#0 的命名有：企业文化、劳动关系、工会角色。聚类#1 的命名有：民营企业、劳资关系、非典型劳动者。分析时需结合具体文献进行具体分析(图 10-36~图 10-38)。

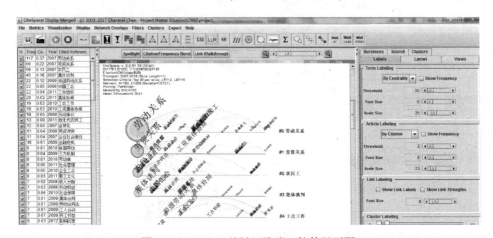

图 10-35　CNKI 关键词聚类 (软件界面图)

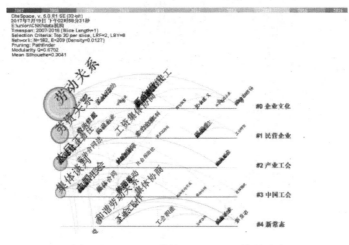

图 10-36　CNKI 关键词 TF*IDF 算法聚类

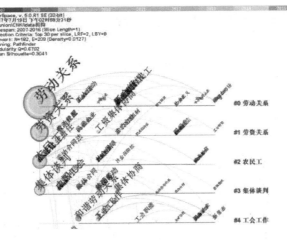

图 10-37　CNKI 关键词 LLR 算法聚类

关键词共现网络时，也可作关键词突发性分析，展示年份变化较为剧烈的关键词，步骤：关键词共现网络运行结束后，点击图上方的 Citation/Frequency Burst 按钮进行突发性分析，点击 Visualization 下拉菜单中的 Citation/Frequency Burst History 显示突发性关键词信息，见图 10-39，可选择对应节点查看年份变化情况，如"工会组织"突发性最高，总共现频次 22 次，2011 年第一次出现频次为 5 次；2012 年、2013 年

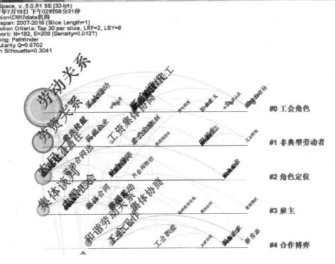

图 10-38　CNKI 关键词 MI 算法聚类

Top 7 Keywords with the Strongest Citation Bursts

Keywords	Year	Strength	Begin	End	2007 - 2016
劳动合同法	2007	2.6671	**2008**	2010	
劳工权益	2007	3.634	**2008**	2009	
金融危机	2007	4.7238	**2009**	2010	
体面劳动	2007	3.6557	**2010**	2011	
社会保障	2007	2.8346	**2010**	2011	
民主管理	2007	2.426	**2010**	2011	
工会组织	2007	5.5781	**2014**	2016	

图 10-39　CNKI 关键词突发性情况统计

为 0；2014 年达到最高为 10 次；随后，2015 年、2016 年频次分别为 4 次和 3 次。而"金融危机"，总频次为 10 次，仅在 2009 年、2010 年出现，分别为 5 次、5 次。"工会"总频次 310 次，因以主题词"工会"进行检索，因而频次最高，关键词共现中为包括"工会"，避免影响分析结果，去除节点前的"√"可去除节点，图 10-40 给出"工会"的年份变化情况。图 10-41 给出关键词时区图，可直观地反映关键词最早出现年份情形，如"国有企业""新常态"等关键词在近年出现，有可能与近年社会转型背景下工会的研究有关。

　　由于选择 Top N=30 进行关键词、作者、机构共现网络，节点频次统计结果有可能并不准确，可结合其他软件进行统计对比分析。

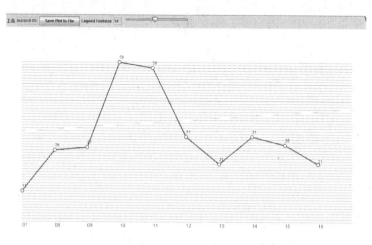

图 10-40　CNKI 关键词"工会"年份变化

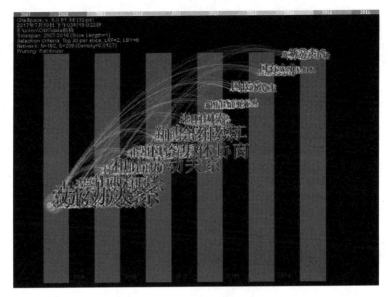

图 10-41　CNKI 关键词时区图

10.6.3　基于 CSSCI 国内工会研究文献的可视化分析

1) 关键词聚类

软件操作过程同 10.6.2 节关键词聚类，结果如图 10-42 所示。由聚类结果，结合聚类中关键词数量及同质性，可将关键词大体分为 5 类（基于 TF*IDF 算法）：

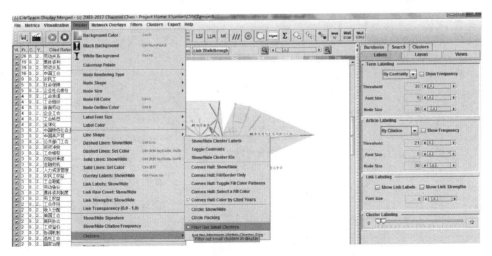

图 10-42　CSSCI 关键词聚类（合并数量较少的聚类操作）

集体谈判 (关键词包括集体谈判、公共部门工会、农民工权益、集体协商、行业工会等)、工会作用 (劳资关系、工会维权、人力资源管理、集体谈判制度等)、制度经济 (中国工会、工会转型、中国特色社会主义、中国共产党)、体制改革 (劳动关系、企业工会、劳资冲突)、工会责任 (农民工、社会保障、企业社会责任、体面劳动、工会职能、劳工权益)。通过聚类分析可大体了解 CSSCI 国内工会研究的不同方面及不同方面的不同关注对象,如关键词"农民工"包含于聚类"工会责任"中,有关农民工的研究多重视工会责任、工会职能、企业责任的发挥方面,而农民工权益的保障更多是通过集体谈判的形式进行维护;如"工会作用"的研究可能更多体现在工会维权、集体谈判方面(图 10-43~图 10-45)。

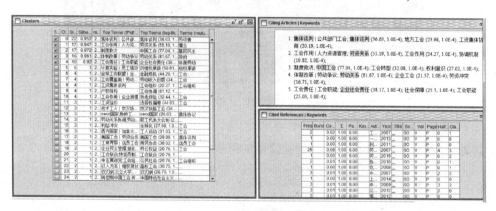

图 10-43　CSSCI 关键词聚类信息

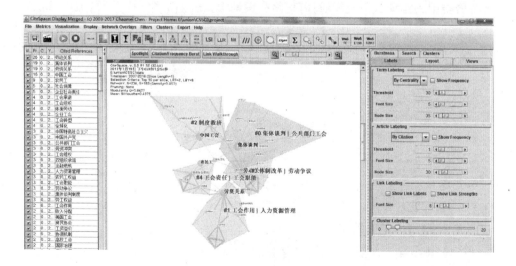

图 10-44　CSSCI 关键词聚类 (软件界面)

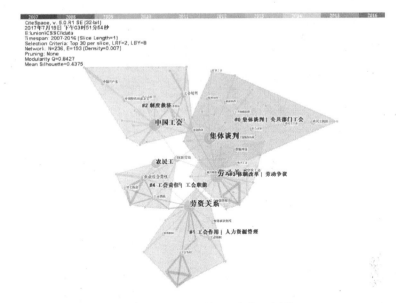

图 10-45　CSSCI 关键词聚类 (全图)

2) 共被引文献聚类

共被引文献聚类 (频次大于 2) 如图 10-46(依次为 TF*IDF、LLR、MI 算法下的聚类)，通过共被引文献聚类可将共被引文献划分为不同类别，如姚洋 (2008)、Lu Y(2010)、姚先国 (2009)、魏下海 (2013) 等属于一类；游正林 (2010)、冯钢 (2006) 等属于一类；孙中伟 (2012)、王永丽 (2012) 等属于一类；被相同研究领域的作者所引用。其中，姚洋 (2008) 共被引频次最高，为 12 次，突发性也最高，为 4.374，见图 10-47，深色标记部分为被引文献变化剧烈的年份，由引文历史发现，深色标记的年份为被引文献被引频次达到最高，姚洋 (2008)、Lu Y(2010)、姚先国 (2009) 近年被引次数较频繁。

图 10-46　CSSCI 共被引文献聚类

Top 4 References with the Strongest Citation Bursts

References	Year	Strength	Begin	End	2007 - 2016
冯钢, 2006, 社会, V,, P	2006	3.0318	**2010**	2011	▬▬▬
姚先国, 2009, 中国劳动关系学院学报, V,, P	2009	2.5024	**2013**	2016	▬▬▬
LU Y, 2010, CHINA ECONOMIC REVIEW, V,, P	2010	3.6166	**2013**	2016	▬▬▬
姚洋, 2008, 世界经济文汇, V,, P	2008	4.374	**2013**	2016	▬▬▬

图 10-47　共被引文献突发性

相比 CSSCI 数据库，CNKI 数据库收集的有关 CSSCI 文献更全面，图 10-48 显示基于 CNKI 数据库进行的作者机构共现网络，右击节点选择 Pennant Diagram，

图 10-48　基于 CNKI 作者机构共现网络

可显示节点共现作者及机构，由图 10-49 可知，中国人民大学同中国社会科学院、中央财经大学、中国劳动关系学院、首都师范大学、河北大学、中山大学有共现关系，有代表性的作者为：中国人民大学的常凯、河北大学的袁青川、中国劳动关系学院的许晓军。

图 10-49　中国人民大学 Pennant 图

勾选网络界面右方 □ Show Link Labels ☑ Show Link Strengths ，可显示节点间的连接强度，见图 10-50，中国劳动关系学院同中山大学、北京师范大学的联系较为紧密，连接强度为 0.21，其次为中国人民大学，为 0.18；中国人民大学与中央财经大学的联系最为紧密，连接强度为 0.5；中国社会科学院同山东大学、中国人民大学的联系最为紧密，连接强度为 0.35。

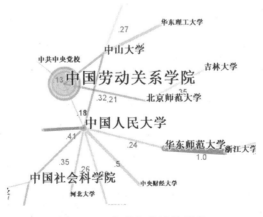

图 10-50　机构间的连接强度

10.7　复习思考题

(1) 总结引文分析的基本原理。

(2) 使用 CiteSpace 对 WoS 数据进行可视化分析，一般分为哪些项目？

(3) 进行中文论文机构合作网络图谱分析时，如何进行机构名称合并？

(4) 撰写符合实验内容要求的实验报告：①选择中英文关键词在文献数据库中检索，完成数据下载；②总结并描述出实验详细过程，将实验的过程截图，提交实验结果；③写明实验体会和实验中存在的问题及解决的办法。

参 考 文 献

[1] 王国平, 郭伟宸, 汪若君. IBM SPSS Modeler 数据与文本挖掘实战[M]. 北京: 清华大学出版社, 2014.

[2] Azevedo A, Santos M F. KDD, semma and CRISP-DM: A parallel overview[C]//IADIS European Conference on Data Mining, 2008: 182-185.

[3] IBM SPSS Modeler 18.0 应用程序指南 [EB/OL]. http://bbs.pinggu.org/thread-4463720-1-1. html[2017-02-26].

[4] IBM SPSS Modeler 18.0 源、输入和输出节点[EB/OL]. http://bbs.pinggu. org/thread-4463720-1-1. html[2017-02-26].

[5] Han J H, Kamber M, Pei J. 数据挖掘: 概念与技术[M]. 范明, 孟小峰, 译. 北京: 机械工业出版社, 2012.

[6] IBM SPSS Modeler 18. 0 建模节点[EB/OL]. http://bbs. pinggu. org/thread-4463720-1-1. html[2017-02-26].

[7] 陈志恩. 用电市场细分及营销策略[D]. 广州: 华南理工大学, 2010.

[8] 嵇仙峰, 吴海莉. 客户识别方法研究综述[J]. 经济师, 2010, (7): 31-34.

[9] 安祥茜. 基于 RFM 模型的 C2C 环境下顾客价值识别研究[D]. 成都: 西南财经大学, 2012.

[10] 邵兵家. 客户关系管理[M]. 2 版. 北京: 清华大学出版社, 2010.

[11] Witten I H, Frank E, Hall M A. 数据挖掘: 实用机器学习工具与技术[M]. 李川, 张永辉, 等译. 北京: 机械工业出版社, 2014.

[12] Machine Learning Group at the University of Waikato. Weka manual3.8.1 [EB/OL]. http://www. cs. waikato. ac. nz/ml/weka/documentation. html[2017-05-18].

[13] 杨振瑜, 王效岳, 白如江. 国外主要可视化数据挖掘开源软件的比较分析研究[J]. 图书馆理论与实践, 2013, (5): 89-93.

[14] RapidMiner Studio [EB/OL]. http://www. rapidminerchina. com/[2017-04-12].

[15] 张引, 陈敏, 廖小飞. 大数据应用的现状与展望[J]. 计算机研究与发展, 2013, (S2): 216-233.

[16] 使用数据挖掘软件 Rapidminer 进行关联规则分析 [EB/OL]. http://www.aiuxian. com/article/p-1628673. html[2017-4-20].

[17] 林聚任. 社会网络分析: 理论、方法与应用[M]. 北京: 北京师范大学出版社, 2009: 81-86.

[18] 刘军. 社会网络分析导论[M]. 北京: 社会科学文献出版社, 2004: 123.

[19] 罗家德. 社会网分析讲义[M]. 北京: 社会科学文献出版社, 2005: 96-98, 156.

[20] 刘军. 整体网分析讲义——UCINET 软件实用指南[M]. 上海: 上海人民出版社, 2009: 139.

[21] 崔雷, 刘伟, 闫雷, 等. 文献数据库中书目信息共现挖掘系统的开发[J]. 现代图书情报技术, 2008, (8): 70-75.

[22] 刘则渊, 尹丽春, 徐大伟. 试论复杂网络分析方法在合作研究中的应用[J]. 科技管理研究, 2005, (12): 267-269.

[23] 关世杰, 赵海. 互联网技术领域科研合作网络分析[J]. 东北大学学报, 2013, 34(4): 509-541.

[24] 胡琳娜, 张所地, 高平. 中国技术经济及管理学科的科研合作研究——"反射自时空棱镜之光" [J]. 科学学研究, 2015, 33(1): 21-29.

[25] 李闻聪, 沙思颖, 高雅, 等. 从合著网络及其变化看干细胞研究领域的国际科研合作[J]. 数学的实践与认识, 2016, 46(10): 68-76.

[26] 侯剑华, 胡志刚. CiteSpace 软件应用研究的回顾与展望[J]. 现代情报, 2013, (4): 99-103.

[27] 陈超美. CiteSpace Ⅱ: 科学文献中新趋势与新动态的识别与可视化[J]. 陈悦, 侯剑华, 梁永霞, 译. 情报学报, 2009, 28(3): 403-421.

[28] 陈悦, 陈超美, 刘则渊, 等. CiteSpace 知识图谱的方法论功能[J]. 科学学研究, 2015, (2): 242-253.

[29] 侯海燕, 刘则渊, 栾春娟. 基于知识图谱的国际科学计量学研究前沿计量分析[J]. 科研管理, 2009, (1): 164-170.

[30] 胡泽文, 孙建军, 武夷山. 国内知识图谱应用研究综述[J]. 图书情报工作, 2013, (3): 84, 131-137.

[31] 梁秀娟. 科学知识图谱研究综述[J]. 图书馆杂志, 2009, 28(6): 58-62.

[32] 赵蓉英, 许丽敏. 文献计量学发展演进与研究前沿的知识图谱探析[J]. 中国图书馆学报, 2010, 36(5): 60-68.

[33] 杨国立, 张垒. 国际科学计量学研究力量分布与合作网络分析[J]. 图书情报研究, 2012, 5(1): 34-39.